식물, 그린의 마술사

[선생님도 놀란 과학수업 뒤집기] ❼ **식물, 그린의 마술사**

초판 1쇄 발행일 : 2002년 1월 15일
초판 13쇄 인쇄일 : 2013년 1월 5일

■ **기획·편집**
엮은이 : 동효관
발행인 : 김두희
편 집 : (주)동아사이언스 출판팀
편집 위원 : 김태호, 신광복, 이관수
          (서울대학교 과학사 및 과학철학 협동과정, 박사과정)
디자인 : (주)동아사이언스 디자인팀
일러스트 : 김학수·박현정 외
사 진 : GAMMA 외
발행처 : (주)동아사이언스 http://www.dongascience.com
         120-715 서울시 서대문구 충정로 139 동아일보사옥 3층
         Tel.(02)6749-2000, Fax.(02)6749-2600
E-mail : science@donga.com

■ **출판·공급**
펴낸이 : 주성우
펴낸곳 : 도서출판 성우
         121-839 서울시 마포구 서교동 383-18 진성빌딩 2층
         Tel.(02)333-1324, Fax.(02)333-2187
홈페이지 : www.sungwoobook.com

가 격 : 12,000원

ⓒ DongaScience&Sungwoo. 2002. Printed in Seoul, Korea.
ISBN 89-88950-63-1 03480

· 잘못된 책은 바꾸어 드립니다.
· 이 책의 모든 자료는 (주)동아사이언스의 동의 없이는 사용할 수 없습니다.

식물, 그린의 마술사

Prologue

발 간 사

'과학'하면 무엇이 제일 먼저 떠오를까요?
저마다 조금씩 다르겠지만, 과학교과서를 떠올리는 사람들에게
과학은 그리 유쾌한 이름이 못되는 것 같습니다.
숫자와 공식으로만 표현되는 과학이 어렵고 재미없게
느껴지는 것은 어쩌면 당연한 일일 것입니다.
하지만 과학의 본래 모습은 너무나 친근한 우리들 삶의 모습입니다.
과학은 인간의 삶을 발전시키는 힘이며,
그 변화를 만든 사람들의 끊임없는 노력이기 때문입니다.

그래서 누구나 친구를 사귀듯이 과학에 관심을 가지고 들여다보고,
바로 보고, 또 뒤집어도 볼 수 있는 책이 필요하다고 생각했습니다.
빛, 물, 소리… 우리가 일상생활에서 자주 접하는 소재를 통해
인간의 몸과 자연을 관찰하고, 도구와 기술의 발전을 따라가고
그것을 연구한 사람들의 삶과 역사, 그리고 문화를 살펴보면서
누구나 과학의 매력에 흠뻑 빠질 수 있는 책을 만들고 싶었습니다.
이 책이 과학교과서를 뛰어넘어 교실에서, 교실 밖에서
과학을 재미있게 나누는 이야깃거리가 된다면 더없이 기쁘겠습니다.

(주) 동아사이언스 대표이사 김 두 희

[선생님도 놀란 과학별거기] ❼ 식물, 그린의 마술사

맛있는 음식은 몸도 튼튼히 해주지만 기분도 좋아진다. 가족이나 친구와 함께 하는 맛있는 식사. 병으로부터 사람의 건강과 행복을 되찾아 주는 여러 가지 약물들. 문화유산을 후대에 전달하는 종이. 뿌린 만큼 거둘 수 있다는 삶의 지혜. 이 모든 것들이 식물과 관련이 있다. 식물은 정말 아주 오래 전부터 사람들과 함께 해왔고 앞으로도 그럴 것이다.

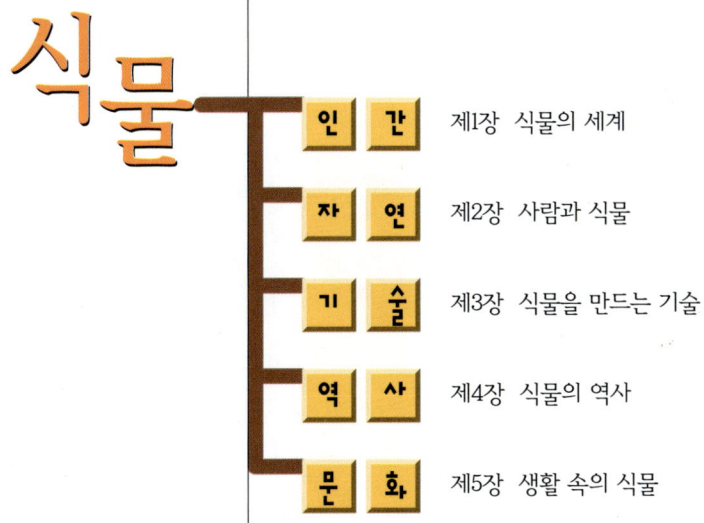

식물
- 인 간 — 제1장 식물의 세계
- 자 연 — 제2장 사람과 식물
- 기 술 — 제3장 식물을 만드는 기술
- 역 사 — 제4장 식물의 역사
- 문 화 — 제5장 생활 속의 식물

교과서 속의 '식물'

· **중학교 1학년** – 생물의 구성, 영양소의 종류
· **중학교 2학년** – 식물의 구조, 광합성, 식물의 호흡, 꽃과 열매
· **중학교 3학년** – 세포분열, 식물의 생식, 유전
· **고등학교 1학년** – 광합성, 호흡, 식물 호르몬
· **생물 Ⅰ** – 영양, 생태계평형
· **생물 Ⅱ** – 세포, 광합성, 호흡, 생물의 다양성, 생물과 환경

[선생님도 놀란 과학뒤집기] ❼ **식물** 그린의 마술사

인간 1

식물의 세계

(1) **식물의 생존전략** 12
식물의 성표현과 방어체계

(2) **자극에 대한 반응** 26
식물도 음악을 듣는다

(3) **꽃의 색깔** 32
화청소의 마술

(4) **식물의 생각** 42
식물들의 손익계산

(5) **생물 타임캡슐** 50
식물 속에 담긴 옛 기후

탐구마당
Science Adventure

자연 2

사람과 식물

(1) **과일의 영양학** 56
무더위의 독기를 다스린다

(2) **마늘** 64
각종 질병 예방 효과

(3) **은행나무** 68
잎 속에 담긴 비방

(4) **알레르기** 74
철마다 찾아오는 불청객

(5) **담배** 82
기호품인가, 마약인가

탐구마당
Science Adventure

DSB
Donga Science Books

CONTENTS

3 기술

식물을 만드는 기술

(1) 슈퍼옥수수와 씨감자 96
    식량 문제를 해결한다

(2) 파란 장미가 생긴다 102
    유전자조작으로 이룬 꿈

(3) 애기장대 프로젝트 110
    식물게놈 연구의 출발점

(4) 유전자 조작식품 122
    식물게놈 연구의 이면

탐구마당
Cross Words Puzzle

4 역사

식물의 역사

(1) 바바라 맥클린토크 128
    옥수수에 바친 70년

(2) 광합성 연구의 역사 138
    뿌리에서 잎으로

(3) 역사 속의 식물 144
    역사를 기록한 닥나무 한지

탐구마당
Cross Words Puzzle

5 문화

생활 속의 식물

(1) 솔잎의 항균작용 160
    솔잎 넣고 송편을 찌는 뜻은

(2) 숲을 제대로 알자 166
    숲에 대한 잘못된 상식들

(3) 식물 속담 178
    나름대로 이유가 있다

(4) 옻칠과 황칠 184
    식물에서 얻은 불멸의 도료

탐구마당
Science Adventure

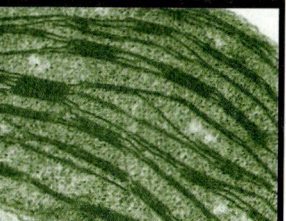

서바이벌 퀴즈

- 성전환을 하는 식물에는 무엇이 있을까?
- 양파가 매운 이유는 무엇일까?
- 식물도 음악을 들려주면 잘 자랄까?
- 식물이 곤충을 먹는 이유는 무엇일까?

본문을 읽고 서바이벌 퀴즈를 풀어봅시다. 막히지 않고 풀 수 있다면…

1 식물의 세계

움직이지 않고 붙박이로 사는 식물들이 번식을 위해 어떤 노력을 하며, 살아남기 위해 어떤 생존전략을 가지고 있는지 알아보자. 식물의 아름다운 꽃색깔의 비밀과 식물이 주변의 소리나 접촉 등의 자극에 어떻게 반응하는지도 알아보자.

1 식물의 생존전략
식물의 성표현과 방어체계

2 자극에 대한 반응
식물도 음악을 듣는다

3 꽃의 색깔
화청소의 마술

4 식물의 생각
식물들의 손익계산

5 생물 타임캡슐
식물 속에 담긴 옛기후

12 식물, 그린의 마술사

식물의 생존전략

식물의 성표현과 방어체계

plant

◐ 소나무는 암꽃과 수꽃을 따로 피운다. 사진은 곰솔의 암꽃.

꽃이 아름다운 색깔로 곤충을 유인하는 것은 자손을 남기기 위한 자연스러운 몸짓이다. 하지만 이것이 전부는 아니다. 암술과 수술을 다양하게 조합시켜 표현함으로써 한정된 에너지를 효율적으로 쓰는 지혜도 발휘하고 있다.

충매화 시나리오

봄의 소식을 전하는 노란색의 복수초, 웃음짓는 것처럼 보이는 흰색의 함박꽃, 붉은색을 띠는 산천의 진달래, 자주색을 띠는 제비꽃 등 산과 들에는 수많은 식물들이 자라고 있다. 대부분 식물의 줄기와 잎은 녹색이지만, 꽃은 눈에 띄는 노란색, 흰색, 붉은색, 자주색으로 배고픈 곤충을 유혹한다. 사실 유혹은 식물의 고착성에 기인한다. 식물이 다른 개체와 교배하기 위해서는 화분을 옮겨주는 그 무엇이 필요하다. 이를 담당하는 것이 주로 곤충이나 바람이다. 대개 우리가 꽃으로 부르는 것은 곤충에 의해 화분(꽃가루)이 운반되는 충매화다. 이들은 아름다운 색깔로 곤충을 유인한다. 하지만 은행나무처럼 바람에 의해 화분이 운반되는 경우는 일반적으로 꽃이 눈에도 잘 띄지 않고 볼품도 없다.

◎ 곤충들도 식물의 다양한 유인장치를 요모조모 관찰하고 따져본다.

식물의 꽃은 곤충에게는 아주 멋진 식당과 같다. 배가 고픈 곤충은 음식을 먹기 위해 숲 속에서 꽃이 피어있는 음식점 거리를 찾을 것이다. 운이 좋으면 음식점의 간판(꽃잎)을 보게 될 것이다. 냄새를 맡는 감각이 뛰어나면 수백m 떨어져있는 곳에서 음식 냄새(꽃의 향기)를 맡고 돌진할지도 모른다.

그러나 신중한 곤충들은 곧바로 음식점으로 들어가지는 않는다. 음식점 바깥에서 요모조모 따져본다. 특히 처음 방문하는 음식점일 경우에는 더욱 그렇다. 먹고 싶은 요리(화분과 꿀)를 정말로 줄까? 가격은 적당할까? 편안하게 식사할 수 있을까? 걱정되는 것들이 한두 가지가 아니다. 사람들이 음식점에 들어가기 전에 전시된 가짜 음식을 쳐다보거나 메뉴를 검토하듯이 곤충들도 다양한 유인장치를 요모조모 관찰한다. 맛있는 음식점(꽃)을 발견한 경우에도 자리가 없으면 가게 안으로 못 들어갈 수도 있다. 인기가 높은 음식점(수분 곤충이 방문하는 빈도가 높은 꽃)이라면 기다려야 하는 경우도 있다.

음식점이 생기기 이전에 있었을 법한 시나리오는 이렇다. 민가(식물)의 수입(수분에 의한 수정)은 다른 중매(바람, 풍매화)에

14 식물, 그린의 마술사

○ 화려한 꽃잎은 곤충들에게는 음식점 간판과 같다.

의해 얻어졌다. 여행자(곤충)가 자주 통과하는 길목에 민가가 있다고 하자. 그 민가에 때때로 배가 고픈 여행자(식물을 먹는 곤충)가 '먹을 것을 조금 주세요' 라면서 들렀다. 처음에 민가는 스스로 모아두었던 음식물(줄기, 잎, 꽃)을 제공했다. 그러나 거듭되는 여행자들의 등쌀에 장사(돌연변이)를 하려는 생각이 들어, 민가를 음식을 판매하는 음식점 혹은 주막으로 개량했을 것이다. 그러면서 여행자들이 좋아할 만한 요리(꿀과 화분)를 만들어, 그것을 판매하는 음식점(충매화)이 된 것이다. 요리가 맛있어 여행자들에게 소문이 나면 수입이 점점 늘어날 것이다. 여행자는 단순한 탈취자가 아니라 훌륭한 손님(매개 곤충, 중매쟁이)이 된다. 또 일단 요리점을 개업하면 주인은 손님을 많이 모아 수입을 증가시킬 수 있는 방법을 모색한다.

천남성은 성전환식물

식물은 아름다운 꽃으로 곤충을 유인하는 것과 아울러 암술과

제1부 식물의 생존전략 | 식물의 세계 | 15

❂ 양성화인 함박꽃. 자주색으로 보이는 부분이 수술이고, 중앙의 흰색이 암술이다.

수술을 다양하게 조합시킴으로써 자신의 후손을 남기려고 노력한다. 외부로 드러나 보이는 미남 미녀의 조건도 중요하지만 암술이나 수술과 같은 꽃 내부의 기관도 자연에 적응하기 위해 이용한다는 말이다. 이것은 식물이 인간을 포함한 고등동물과 가장 다른 점 중 하나다. 꽃은 남성 생식기관에 해당하는 수술과 여성 생식기관에 해당하는 암술을 가진다.

함박꽃에서처럼 암술과 수술을 함께 가지는 꽃을 '양성화'라 부른다. 우리 민족이 가장 좋아하는 나무 중 하나인 소나무는 수술만으로 된 수꽃과 암술만으로 된 암꽃을 가진다. 이를 '단성화'라고 한다. 꽃의 성 표현은 크게 두 가지 유형이 있으나, 집단 내에서 개체가 어떤 성을 표현하는가는 매우 다양하다. 동물은 한 개의 개체가 한 개의 생식기를 가지는 데 비해 식물은 한 그루나 같은 집단에서도 양성화, 암꽃, 수꽃들을 다양하게 가진다.

함박꽃이나 진달래는 암술과 수술을 함께 가지는 양성화그루로 고등식물계에서 이러한 성형태는 약 70% 이상을 차지한다.

○ 은행나무는 암그루와 수그루가 따로 존재한다. 사진은 암그루 은행나무에 핀 암꽃.

한반도의 숲을 구성하는 주인인 참나무는 암꽃과 수꽃이 한 그루에 있고, 은행나무는 수그루와 암그루가 따로 있다. 하지만 암꽃과 양성화를 함께 갖는 그루, 수꽃과 양성화를 함께 갖는 그루도 있다. 또 큰개별꽃처럼 꽃가루의 기능을 잃어버린 암그루와 양성화그루가 함께 나타나는 식물도 있으며 수그루와 양성화그루를 함께 가지는 경우도 있다. 천남성처럼 어릴 때는 무성, 조금 크면 남성, 완전히 성숙하면 여성으로 성전환을 하는 특이한 예도 있다.

자손 생산이 최대의 목표

동물과는 달리 고등식물들이 이렇게 다양한 형태로 성을 표현하는 이유는 무엇일까. 이와 같이 다양한 조합을 가진 개체들은, 개체군 안에서 다양한 유전자를 결합시킬 뿐만 아니라, 가장 효과적으로 다음 세대의 자손을 생산하는 기능을 가지고 있다. 생물이 가지고 있는 모든 형질은 어떤 의미에서는 생명을 유지하

제1부 식물의 생존전략 | **식물의 세계** | 17

🔴 수그루 은행나무에 핀 수꽃.

고 종족을 보존하는 기구와 관련된다.

식물은 움직일 수 없기 때문에 여러 가지 환경의 변화에 수동적일 수밖에 없다. 다음 세대를 생산하는 과정에서도 식물은 물리적 환경의 조건과 동물에 의해 먹히는 양을 고려해 여러 가지 성표현, 수분 기구, 교배 시스템, 번식 시스템 등을 변화시켰다. 그렇다면 식물 자신이 생산한 유한한 에너지를 어떻게 이용하는지 살펴보자.

식물이 암꽃과 수꽃을 따로 가지면, 암꽃과 수꽃이 각각 꽃잎과 꽃대를 만들어야 하므로 두 배의 에너지가 필요하다. 그러나 꽃잎과 꽃대를 함께 사용해 양성화의 형태를 취하면 공동경비를 많이 절약할 수 있어 유리하다. 고등식물에서는 흔한 모습이나 고등동물에서는 볼 수 없는 형태다. 움직일 수 없는 식물의 경우는 동물처럼 수컷이 암컷을 찾아다닐 수 없다. 따라서 단일 개체 안에 암술과 수술을 모두 가지는 쪽이 교배의 확률이 높다. 또 화분을 만들고 종자를 만드는 에너지를 효율적으로 분배한다는

식물, 그린의 마술사

◐ 큰개별꽃의 양성화(왼쪽)와 꽃가루의 기능을 잃어버린 암꽃.

측면에서도 유리하다.

암술과 수술의 투자 비율

식물이 보이는 다양한 성의 형태를 이론적으로 해석해보자. 생물이 자손을 남기는 데 드는 에너지는 유한하다. 따라서 암술과 수술에 광합성으로 얻은 물질을 투자하는 데는 서로 길항 관계가 성립한다. 즉 수술이 많이 열리면 그만큼 암술에 투자하는 물질은 줄어든다. 그렇다면 암술과 수술에 어느 정도의 비율로 투자하는 것이 좋을까.

사람을 포함한 대부분의 동물은 출생시의 성비가 거의 1:1이다. 유성생식을 하는 동물은 부계와 모계로부터 같은 수의 유전자를 받는다. 따라서 만약 집단 속에 암컷이 많은 상태라면, 수컷을 많이 낳는 개체가 자기 자신의 유전자를 남길 기회가 증가하므로 유리하다. 반대로 개체군 안에 수컷이 많으면, 암컷을 많이 낳는 개체가 유리하다. 그러므로 수컷과 암컷을 1:1의 성비로

제1부 식물의 생존전략 | **식물의 세계** | 19

● 천남성은 어렸을 때는 무성(왼쪽)이었다가, 약간 성장한 다음에는 수꽃(가운데)으로 되고, 완전히 성숙하면 암꽃(오른쪽)으로 성전환한다.

자손을 낳는 개체만이 집단 속에서 안정한 상태로 존재한다.

그러면 식물은 어떠한가? 수꽃과 양성화가 한 그루에 있는 경우를 살펴보자. 대부분 미나리과(미나리, 참당귀, 어수리, 고본 등)에 속하는 이들 식물들은 대개 상대적으로 큰 열매를 달고 있다. 큰 열매를 만들려면 성숙할 때 다량의 에너지가 필요하다. 그리고 이용 가능한 한정된 에너지로 많은 수의 열매를 맺기도 힘들다.

수꽃은 열매를 만들지 않기 때문에 양성화에 비해 에너지 소비를 격감시킬 수 있다. 수꽃은 양성화와 비교할 때 엄마의 기능이 소실돼있으므로 열매는 맺을 수 없다. 그 몫만큼 번식에 성공할 확률은 낮다. 양성화의 수를 적절하게 조절해 열매의 크기를 가능한 크게 만들 수 있다는 말이다.

식물들이 암술과 수술을

식물, 그린의 마술사

○ 고요하게만 보이는 식물의 세계에서도 소리없는 전쟁이 벌어지고 있다. 큰 나무들 밑에는 다른 식물들이 거의 자라지 못한다.

다양하게 조합함으로써 얻을 수 있는 이점을 보여주는 예다.

이용 가능한 한정된 에너지를 두 개의 성이 어떻게 분배하는 것이 이상적일까. 진화생물학자들은 '진화적 안정화 전략' 이라는 수학적 이론을 이용해 이 문제를 해결하려고 한다. 하지만 아직은 초보적인 단계에 머물고 있다.

식물에게도 무기가 있다

먹는 자와 먹히는 자가 존재하는 자연의 세계에서 자신을 지켜내려는 동식물들의 몸부림은 화학무기를 탄생시켰다. 스컹크의 방귀, 복어의 알, 벌이나 뱀의 독은 물론 양파껍질을 벗길 때

제1부 식물의 생존전략 | **식물의 세계** | 21

◯ 풀이나 잔디를 막 벤 곳에서 맡을 수 있는 풋풋한 향기도 알고보면 이들이 내뿜는 방어물질의 냄새다.

우리의 눈물을 자아내는 것도 자기보호 반응이라고 한다.

어느 생물이나 제 몸을 방어하기 위한 물리적, 화학적 무기는 다 가지고 있다. 동물들의 예리한 이빨과 강한 뿔은 식물의 잎 가장자리에 나있는 톱니 같은 거치(鋸齒), 줄기의 가시, 잎의 솜털과 같은 물리적인 방어장치와 비교될 수 있다. 식물도 자신의 방어를 위해 여러 가지 무기를 갖추고 있다. 식물의 자기 방어세계를 들여다보면 사람을 놀라게 하는 기기묘묘한 일이 많다.

나무도 텃세

동물들이 물이나 뭍에서 소변이나 분뇨 또는 몸에서 분비되는 물질로 자기의 영역을 정해놓듯이 식물도 비슷한 일을 한다.

"거목 밑에 잔솔 크지 못한다."는 말이 있다. 훌륭한 부모 밑의 자식이 되레 치어서 잘 되지 못한다는 것을 비유한 말이다. 그러나 큰 나무를 베고 나면 어느새 수많은 씨가 싹을 틔운다. 이런 현상을 두고 많은 사람들은 큰 나무의 그림자 때문에 이들이 자라지 못한 것이라고 생각하지만, 사실은 그렇지 않다. 식물의 씨가 싹을 틔우는 데는 햇빛이 필요 없다. 그렇다면 어찌 된 일일까. 나무가 살아있을 때는 뿌리에서 화학물질을 분비해 씨의 발아를 억제하기 때문이다. 참 매정한 세계라 하겠다.

그리고 소나무 밑(다른 나무 밑도 그렇다)에는 어린 개체 말고도 다른 식물이 거의 자라지 못한다. 이 역시 일정한 영역 안에서는 딴 식물이 자라지 못하도록 뿌리가 갈로탄닌이라는 물질을 분비하기 때문이다. 식물들 간의 이러한 저항관계를 알레로파시라 한다.

소나무 송진의 터펜스 같은 물질은 병원균의 침입을 막고 다른 식물의 접근을 막아낸다. 또 상처를 입으면 사람의 피와 같은 것이 흘러나와 굳어서 세균이나 바이러스의 침투를 막아낸다. 물론 소나무뿐 아니라 다른 풀과 나무들도 이와 비슷한 기작을 가지고 있다.

세포 속의 알린

식물들은 상처를 받으면 곧바로 상처 부위에 송진 같은 방어물질을 분비한다. 풀을 벤 곳이나 막 잔디를 벤 정원에서는 보통 때 나지 않던 풋풋한 잔디 풀향기를 맡을 수 있는데 이것이 바로 방어물질의 냄새다.

식물이 무슨 신경이 있기에 자극을 받거나 다치면 냄새를 풍기는 것일까. 화분에 키우는 제라늄은 보통 때는 고약한 냄새를 풍기지 않으나 손을 대면 미모사가 잎을 오므리듯이 즉각 독가스를 뿜어낸다. 벌레가 침입하는 것을 막으려는 반응이다.

잘 알다시피 마늘이나 양파도 가만히 두면 절대로 독한 냄새

◎ 마늘은 방어물질을 분비하는 대표적인 식물이다.

를 내지 않지만 껍질을 벗기거나 칼로 자르면 곧바로 눈물을 흘리게 만든다. 세포 속의 알린이라는 물질이 알리나제라는 효소의 도움을 받아 알리신으로 바뀌면서 밖으로 뿜어져 나오기 때문이다. 그것이 마늘, 양파(파, 부추, 달래 등도 마찬가지)의 향인 셈이다. 사람의 눈코가 매울 정도니 다른 세균이나 바이러스에도 항균 작용이 있음은 물론이다.

맛 떨어뜨려 포기하도록 유도

더 절묘한 식물의 방어체계가 있다. 아프리카 사막을 스치지나가며 눈 닿는 곳을 온통 황폐하게 만드는 풀무치떼도 오직 한 종의 풀은 먹지 않는다고 한다. 그 풀의 이름은 아주가 레모타(Ajuga remota). 이 식물의 즙을 내어 다른 곤충들에게 먹였더니 애벌레들은 입이 막혀버리고 비정상 발생을 했다고 한다.

●● 여리게만 보이는 식물들도 나름대로의 방어체계를 갖추고 있다.

　이렇듯 식물은 곤충에게 먹히지 않으려고 독성물질을 생성하고 있다. 또 곤충에게 먹히더라도 곤충의 알이 유생이나 번데기가 되지 못하게 한다. 토마토의 한 종류는 곤충이 잎을 갉아먹으면 바로 그 자리에 단백질 분해 억제물질을 만들어 잎을 먹어도 소화가 안 되게 한다. 그래서 다시는 공격하지 못하게 한다니 어찌 이들을 풀 따위라고 과소평가할 수 있단 말인가.
　더 지혜로운 식물들도 많다. 사릭스(Salix) 무리의 버드나무는 곤충의 침입을 받으면 갑자기 영양상태를 떨어뜨려 맛이 없게 만든다. 맛을 본 벌레들이 스스로 포기하도록 해 자신을 보호하는 것이다.
　박주가리 무리는 흰 액을 많이 가지고 있는데, 거기에는 동물의 심장을 마비시키는 카데노리드라는 독극 물질이 들어있어서 벌레는 물론이고 쥐도 먹고는 혼쭐이 난다고 한다. 그럼에도 불구하고 이 박주가리를 먹는 곤충은 반드시 있으니 이런 것이 자연의 조화를 느낄 수 있는 부분이라 하겠다.

성적 유인물로 공격자 혼란시켜

　동물사회뿐 아니라 식물사회도 그리 평화로운 곳이 못 된다. 극적인 생과 사가 엇갈리는 살벌한 전쟁터나 다름없다. 동물들에게 생존전략이 있듯 식물들도 이런 곳에서 살아남기 위한 '특별한' 생존전략을 갖고 있다.

　동물과 달리 이동성이 없이 그대로 노출된 야생의 식물들은 특히 적의 출현에 놀라운 인지력을 보인다. 일부 식물들은 적들의 공격을 받으면 자체적인 방어전술을 펴기도 하지만, 공격자의 천적을 유인하는 물질을 분비하기도 한다. 이런 유인물질의 종류는 현재 20가지 이상 밝혀져있다. 이들이 분비하는 물질은 휘발성가스 성분으로 자스민산, 살리신산, 에틸렌 등 다양하다. 심지어 성적 유인물을 분비해 공격자를 혼란시키기도 한다.

　야생장미의 어린 순은 유난히 연하고 단물도 많아 진딧물들의 무자비한 공격을 받기 쉽다. 장미는 진딧물이 공격하는 어린 순에서 특수한 휘발성 기체를 만들어 공기 중으로 신호를 보낸다. 이 가스는 주변의 식물들에게 적이 출현했으니 대비하라는 일종의 언어 역할을 한다. 즉 전 식물들에게 휘발성 기체를 만들어내라는 지시를 하는 동시에 공개적인 구원요청을 하는 셈이다.

　곤충들은 식물들이 분비하는 구원물질을 정확하게 이해하고 있기 때문에 이 신호를 받은 무당벌레 일당은 근원지를 찾아 모여들고, 진딧물은 곧 무당벌레에게 잡아먹힌다. 이렇듯 모든 생물들은 생존하기 위해서 나름대로 교묘하고 강력한 화학적인 방어체계를 가지고 있다. 생명체가 지니고 있는 자기 보존의 본능을 보여주는 실례들이라 하겠다.

식물, 그린의 마술사

자극에 대한 반응

식물도 음악을 듣는다

흔히 무감각한 존재라고 생각되는 것과는 달리 식물들은 주위의 자극에 매우 민감하게 반응한다. 식물들은 바람이 흔드는 것과 사람이 때리는 것을 구별한다. 때문에 자꾸만 흔들어 자극을 주면 스트레스를 받아 잘 자라지 않는다. 우리 조상들이 웃자란 곡식을 아침마다 장대로 쓸어주었던 것도 식물의 생리를 잘 이용한 지혜였다.

간지럼타는 배롱나무

7월에서 9월까지 약 1백일 동안이나 붉은 꽃을 피워 나무백일

홍으로도 불리는 배롱나무. 한자로는 파양수(怕痒樹), 즉 '간질임을 두려워하는 나무'인데, 충청도와 전라도 지역에서는 실제로 이 나무를 간지럼나무로 부른다. 원숭이도 떨어질 듯한 반질반질한 줄기에는 흰빛이 얼룩얼룩한 무늬가 있는데, 이 무늬를 손톱으로 살살 긁어주면 나무 전체가 간지럼을 타는 것처럼 산들거리는 것을 볼 수 있다. 배롱나무가 손톱자극에 대해 어떤 생리적인 변화를 일으켜 산들거리는지 그 이유는 아직 잘 알려져 있지 않다. 하지만 식물들이 자극에 민감하다는 것을 생각해보면 실제로 간지럼을 타는 것인지도 모른다.

손짓과 바람 구별하는 뽕나무

흔히 의식이 없고 자극에 대한 반응도 거의 없는 사람을 '식물인간'이라고 부른다. 그러나 이 말은 식물에게는 참으로 모욕적인 말이다. 식물 생리학자들에 따르면, 식물은 무감한 존재가 아니라 자극에 매우 민감하고 공격자에게는 적극적인 방어를 하는 활동적인 존재다. 또한 식물 상호간에도 의사소통을 하면서 다가올 위험에 공동으로 대비하는 지혜를 보이기도 한다.

농촌진흥청 잠사곤충연구부는 지난 94년부터 식물이 외부자극에 어떤 반응을 보이는지 연구한 바 있다. 식물의 체내에는 늘 미약한 전류가 흐르고 있다는 것에 착안해 뽕나무에 검류기를 설치하고 전류의 변화를 관측했다. 잎을 손으로 잡거나 뜨거운 것을 대고 있는 동안에는 전류가 계속해서 격렬하게 변동하다가 손을 떼면 정상으로 돌아온다. 그러나 선풍기를 가져다가 바람을 일으켜주면 전류는 처음에 심하게 반응하지만, 2분쯤 지나면 바람이 계속 불어도 전류는 정상으로 돌아온다. 식물이 인위적

식물, 그린의 마술사

◎ 바람이 많이 부는 지역의 식물들은 일반적으로 키가 작다.

인 자극과 자연의 자극을 구별한다는 얘기다.

때문에 '손 타는 강아지는 안 큰다'는 말처럼 식물도 자꾸만 귀찮은 자극을 주면 스트레스를 받아 성장이 저해된다. 옛 어른들은 웃자란 곡식들이 쓰러지지 말라고 아침마다 장대를 들고 곡식을 쓸어주었다. 이렇게 하면 태풍이 와서 다른 집의 곡식들이 쓰러져도 장대로 쓸어준 곡식은 단단히 설 수 있었다. 바로 식물에 인위적으로 스트레스를 주어 생장을 억제한 때문이다.

식물이 휘었다 폈다 하는 자극을 많이 받으면 체내에 에틸렌이 많이 분비돼 이것이 길이생장을 억제하고 부피생장이 증가하도록 작용한다. 바람이 그칠 날 없는 고산지방에서 키 낮은 식물들이 많은 것도 계속되는 바람이 식물을 흔들어대기 때문으로 이해할 수 있다. 그러나 계속되는 바람 속에서도 스트레스로 죽지 않고 살 수 있는 것은 바람 같은 자연의 자극에는 일시적으로 반응하다가 더 이상 반응하지 않기 때문이다.

포식자 오면 소문 퍼져

식물은 늘 수동적인 존재로 여겨지지만, 공격자에 대해서는 오히려 적극적인 방어를 한다. 버드나무의 일종은 메뚜기 떼가 몰려오면 미리 잎사귀들을 축 늘어뜨려 자신이 맛없는 존재로 보이게 한다. 또한 담배의 한 잎사귀를 벌레가 갉아먹기 시작하면 이 소식은 순식간에 그 담배 개체의 전체에 퍼져 특정한 화학물질을 생산해 방어한다. 이 물질은 곤충의 소화관 속에서 단백질 분해를 억제하는 물질로 작용해 해충이 입맛이 없어져 더 먹을 마음이 안 생기게 한다.

한편 벌레에 공격받은 담배는 다른 개체에게도 이 소식을 알린다. 공격받은 잎에서는 페놀계 화합물인 살리실산이 생산된다. 이 물질은 휘발성이 있어 바람에 날려 다른 담배에 전해진다. 그러면 다른 담배들도 일제히 소화억제 물질을 분배해 벌레의 공격을 저지시키는 것이다. 소식이 전해지는 속도는 1분에 약 24m 정도라고 한다.

또한 사막의 초목들이 초식동물이 잎을 뜯으려고 몰려들 때 옆 나무의 소식을 전해듣고 순식간에 씁쓸한 맛을 내는 탄닌 성분을 분비해서 맛없는 잎사귀로 만든다는 것은 잘 알려진 사실이다. 때문에 동물들은 자신이 왔다는 소식이 바람을 타고 다른 식물들에게 전해지지 않도록 늘 바람이 불어오는 쪽을 향하고 풀을 뜯는다고 한다.

음악을 즐기는 오이

최근에는 식물들이 음악을 즐기기도 한다는 사실이 밝혀지고 있다. 우리나라의 그린음악 농법 개척자인 농촌진흥청의 이완주 박사는 90년대 초반부터 꾸준한 연구를 통해 부드럽고 잔잔한 음악을 듣고 자란 미나리, 오이, 토마토 등의 소출이 월등히 많아진 것을 실험실에서 확인했다. 그리고 최근에는 농가의 재배에서도 음악효과가 확인되고 있다고 한다.

또 음악을 들려준 난초의 생장이 음악 없이 자란 쪽보다 훨씬 좋고, 무의 발아율이 확연하게 좋아진다는 후속 연구들도 보고되고 있다. 이를 보면 "곡식은 주인의 발소리를 듣고 큰다"는 우

○ 오이도 부드럽고 잔잔한 음악을 듣고 자랄 때 더욱 수확량이 많아진다고 한다.

식물, 그린의 마술사

○ 식물도 자극에 매우 민감하다. 스트레스가 없는 환경이 기분 좋은 환경 아닐까.

리 속담이 실은 과학적 근거가 있는 말이다. 이 속담은 흔히 발이 닳도록 부지런히 곡식을 돌보라는 의미로 해석됐다. 그러나 사실은 아침저녁으로 자신을 돌보러 오는 주인의 경쾌한 발소리가 곡식의 성장을 촉진시켰던 셈이다.

음파가 직접적으로 세포의 생장에 영향을 미치는 것인지, 아니면 다른 생리적인 과정을 거쳐 이런 효과가 나타나는 것인지 아직은 확인하기 어렵다. 그러나 음악이 식물의 생장에 영향을 미친다는 사실은 부인하기 어렵다. 거의 소음에 가까울 정도로 시끄러운 헤비메탈 음악을 들려주며 키운 콩나물은 머리가 95% 이상 깨진 채 성장했다는 연구결과도 있다. 사람에게 싫은 소리는 식물에게도 싫은 소리일 가능성이 있다.

대추나무 시집보내기

유실수는 해거리라고 해서 어느 해에 결실이 많으면 다음 해에는 수확이 크게 떨어진다. 그런데 해마다 제사는 정해져있어 필요한 양을 확보해야만 한다. 이 때문에 조상들은 '대추나무 시집보내기'를 해서 수확을 늘렸다. 이는 대추나무 가지 사이에 돌을 끼워두는 것이다. 보통은 돌멩이로 인해 가지가 벌어져 더 많은 잔가지가 생겨 수확이 증가하는 것으로 생각돼왔다. 그런데 이렇게 끼워놓은 돌멩이가 의외로 나무의 결실에 큰 역할을 한다는 것이 밝혀져 조상들의 지혜에 감탄하게 한다.

농학자 임경빈 박사가 쓴 '나무백과'에 따르면, 유실수는 가지와 잎 속에 탄소가 많고 질소가 적을 때 열매를 많이 맺게 된다. 질소는 뿌리를 통해 얻고 탄소는 잎을 통해 들어온다. 가지 사이에 끼워놓은 돌멩이는 나무가 성장하면서 나무의 형성층 주변을 파고 들어가 물과 양분이 흐르는 관다발을 파괴한다. 통로가 제한되면서 질소는 위로 가지 못하고 탄소는 아래로 가지 못해 나뭇가지와 잎 속에는 탄소가 많아지고 질소가 줄어든다. 그 결과 대추나무는 열매를 많이 맺을 수 있다.

유실수 줄기의 일부 껍질을 벗겨 내거나, 철사로 줄기를 감아 두기도 하고, 뿌리를 조금 잘라주거나, 줄기에 칼자국을 내거나 했던 조상들의 방법이 모두 같은 원리에서 출발한 것이다. 나뭇가지 끝을 아래로 휘어지게 잡아맨 것도 휘어진 부분에서 조직을 긴축시켜 수액의 이동을 어렵게 해 과실을 늘리려는 지혜였던 것이다.

주변에는 무슨 화분이고 잘 키우지 못하는 사람들이 있다. 날짜에 맞춰 물을 주고 거름을 주는데도 잘 자라지 않는다고 불평하기도 한다. 그런 사람들은 화분에 담긴 식물이 자신의 말소리와 손짓을 느낀다는 것을 모른 채 식물을 무시하고 거칠게 대하지 않았는가 생각해보자. 우리가 무감각하고 수동적인 존재로 무시해왔던 식물이 사실은 간지럼을 타고, 주인의 발소리를 알아듣고, 시집을 보내주어야 열매를 많이 맺는 존재임을 되새겨보자. 웃자란 곡식들을 아침마다 장대로 쓸어주는 농부의 지혜와 정성으로 화분을 키운다면 머지않아 예쁜 꽃이 피게 될 것이다.

식물, 그린의 마술사

꽃의 색깔

화청소의 마술

plant

아직 한라산 산정에 흰 잔설이 남아있는 3월. 먼 남쪽 바다로부터 따스한 해풍이 불어오면 어느덧 제주도는 섬 전체가 노랑 물감을 뿌려놓은 듯 원색의 노란 유채꽃 바다로 뒤덮이게 된다. 신혼부부나 관광객들은 유채꽃의 정취에 취해 잠시나마 속세의 번거로움을 잊은 듯 마냥 어린애처럼 즐거워한다. 그런가 하면 어느새 한라산 자락은 다시 진달래와 철쭉꽃으로 붉게 채색돼 사람들을 부른다. 왜 사람은 꽃에 이끌리게 되는 것일까? 무엇보다도 꽃이 연출해내는 여러 가지 '색' 때문이 아닐까?

제3부 꽃의 색깔 | **식물의 세계** |

🔼 패랭이꽃의 아름다운 색도 화청소에 의해 발현되는 것이다.

고구마 꽃 색깔이 달라지는 이유

식물계에 널리 존재하는 색소 물질 중 가장 대표적인 세 가지는 광합성 작용과 관련된 녹색 계통의 엽록소(클로로필, chlorophyll), 꽃과 과실의 다양하고 현란한 색깔을 나타내는 화청소(花靑素), 그리고 광합성 보조색소로 주황색 계열을 나타내는 카로티노이드(carotinoid)다. 화청소는 적색, 청색, 자주색 계열을 나타내는 안토시아닌(anthocyanin)과 황색과 적색 계열의 베타시아닌(betacyanin)으로 구성된다. 용담의 푸른 빛, 패랭이꽃과 동자꽃의 붉은 빛, 그리고 제비꽃류의 자주빛은 모두 화청소에 의해 발현된다. 화청소는 현란하고 다양한 빛깔을 어떻게

식물, 그린의 마술사

화청소 확인하기 실험

화청소는 환경이 산성, 중성, 또는 염기성인가에 따라 다른 색을 나타낸다. 집 안에 있는 재료로 화청소 용액을 만들어 이를 확인해보자. ① 준비물로 붉은 양배추, 레몬, 베이킹파우더. ② 붉은 양배추를 조각내어 물이 든 용기에 담는다. ③ 자주빛 물이 나올 때까지 끓인다. ④ 자주빛 화청소 용액. ⑤ 화청소 용액을 담은 컵에 레몬을 짜 넣으면 자주빛 물이 붉은 빛으로 변한다. ⑥ ⑦ 화청소 용액에 베이킹파우더를 넣으면 푸른 빛으로 변한다. ⑧ 화청소는 산성에서 붉은 빛, 중성에서 자주빛, 염기성에서 푸른 빛을 나타낸다.

만들어낼 수 있을까.

 화청소가 처음부터 식물세포 내에 존재했던 것은 아니다. 화청소는 세포 원형질이 대사활동을 수행하면서 빛이나 온도 등의 조건에 따라 만들어낸 식물의 2차 대사 산물로서, 물에 녹는 수용성이며 식물세포 내의 소기관인 액포에 가득 차있다.

 화청소에 의해 다양한 색깔이 발현되는 첫번째 이유는 화청소가 한 가지 색소물질이 아닌 여러 종류로 구성됐기 때문이다. 대표적인 화청소인 안토시아닌은 15개의 탄소로 이뤄진 플라보노이드(flavonoid)계 화합물의 일종이다. 이 기본 구조에 여러 당류(포도당, 갈락토오스 등)나 수산기(-OH) 혹은 메틸기($-CH_3$)와 같은 원자단이 붙어서 다양한 안토시아닌이 만들어지고, 그에 따라 각기 조금씩 다른 색깔(진한 적색에서 청보라색)을 나타낸다. 또한 안토시아닌이 세포 내의 금속성분(철, 칼륨, 마그네슘 등)과 만나면 적색, 청색, 자주색 계열 외에도 더 다양한 색들이 발현된다.

 화청소는 녹아있는 세포 내의 세포액 환경이 산성인지 염기성인지, 또는 중성인지에 따라 각각 다른 색깔을 생성한다. 이를 확인하는 방법은 의외로 쉽다. 시장에서 붉은 양배추를 사 가지고 와서 그 잎을 끓는 물에 집어넣으면 잠시 후 투명한 물이 자주빛으로 변한다. 이는 양배추잎 세포가 열에 의해 죽게 됨에 따라 세포 내의 화청소가 세포 밖으로 빠져 나오기 때문이다. 이렇게 얻은 자주빛 물이 바로 화청소 용액이다. 이 용액에 레몬과 같은 산성 물질을 넣으면 자주빛이 붉게 변한다. 이 자주색 용액에 베이킹파우더 같은 염기성 물질을 넣으면 이번에는 푸른 색으로 변한다. 화청소는 산성에서 붉은 빛, 중성에서 자주빛, 그리고

식물, 그린의 마술사

🔴 꽃잎세포 내의 세포액이 산성일수록 꽃의 색은 붉어진다. 사진은 아름다운 붉은 색을 자랑하는 금낭화.

염기성에서는 푸른 빛을 띤다. 화청소는 세포액 산도의 지시약 역할을 하는 셈이다.

화청소를 많이 간직하는 꽃은 온도에 의해서도 그 빛깔이 다르게 나타난다. 예를 들어 고구마의 꽃 색깔은 보통 흐린 자주빛이지만 온도가 2℃로 떨어지면 장미처럼 붉은 빛이나 붉은 자주빛으로 변하는 것을 관찰할 수 있다.

아침에는 흰색, 저녁에는 붉은 색

자세히 관찰해보면 여러 식물의 꽃 색깔이 고정된 것이 아니라 변화함을 알 수 있다. 일부 식물의 꽃은 나이를 먹어감에 따

◐ 연보라빛 꽃을 피우는 라일락을 온실에서 키우면 하얀 꽃이 핀다. 높은 온도에서는 화청소가 생성되지 않기 때문이다.

라 색깔의 변화를 일으킨다. 예로 폐병풀(Pulmonaria officinalis)의 경우 싹 안의 어린 꽃은 붉다. 그러나 뒤에 꽃이 필 때는 푸른 자주빛으로 변하고, 마지막으로 꽃이 질 무렵에는 푸르게 된다. 폐병풀꽃의 색이 이렇게 변하는 이유는 싹에서 산성이던 세포액이 뒤에는 중성, 그리고 마지막에는 약한 염기성으로 변하기 때문이다. 색깔의 변화가 가장 뚜렷한 것은 구기자의 꽃이다. 이 꽃은 처음에 붉은 자주빛을 보이다가, 나중에 꽃이 질 무렵에는 흙빛으로 변한다.

한편 비교적 짧은 시간 안에 뚜렷한 꽃 색깔의 변화를 발견할 수 있는 식물도 있다. 아욱(Hibiscus tiliaceus)은 꽃잎이 열려서

○ 세포액이 염기성에 가까울수록 꽃은 푸른 빛을 띤다. 사진은 푸른 빛을 내는 대표적인 꽃인 금강초롱.

꽃이 활짝 피었을 때는 노랗다가, 닫혀있을 때는 붉은 빛깔을 보여준다. 아욱과의 한 종류인 부용꽃(Hibiscus mutabilis)은 아침에 피었을 때는 희고, 저녁에는 붉은 색깔을 나타낸다. 열대지방에서 재배되는 키 작은 나무인 사군자(Quisqualis indica)는 밤에 꽃이 피었을 때는 하얗다가, 다음 날 낮에는 꽃송이 안쪽이 붉게 물들어있다. 양나팔꽃(Ipomoea purpurea)은 아침에 피었을 때는 푸른 자주빛을 나타내지만 저녁에 꽃이 지기 시작하면 붉은 자주빛으로 변한다.

　이처럼 꽃 색깔이 변하는 이유는 꽃잎 세포 내 세포액의 산 함유량이 시간에 따라 변해 화청소 구조가 바뀌기 때문이다.

제3부 꽃의 색깔 | **식물의 세계** | 39

꽃의 색이 온도에 따라 희게 변하는 경우도 있다. 4~5월 봄철 주변의 야산, 공원 등지에서는 라일락꽃 향기가 짙게 풍긴다. 보통 라일락꽃은 연보라빛 혹은 자주빛을 띤다. 그러나 30℃ 정도 높은 온도의 온실에서 피운 라일락꽃은 하얗다. 또한 쥐손이아재비(Erodium gruimum)의 꽃은 2℃의 온도에서 푸른빛을 띠지만 높은 온도에서는 빛깔이 없어진다. 왜 그럴까? 현재까지 알려진 바에 따르면, 식물의 기관이 높은 온도 조건에 놓여졌을 때는 어떠한 화청소도 생성되지 않기 때문에 하얀 꽃을 피우게 된다고 한다.

○ 아황산가스를 이용하면 꽃을 오래 보존할 수 있다.

보존용 꽃다발 만드는 방법

화청소가 분해돼도 꽃의 색이 희게 변한다. 푸른 꽃을 가진 국화과의 한 식물은 아침에 꽃이 피어 오후에 닫히기 시작한다. 이 꽃은 닫히는 동안 푸른빛이 사라져서 옅어지다가 밤이 되면 푸른 줄을 가진 흰빛 혹은 아주 흰빛으로 변한다. 세포 내 화청소가 분해됐기 때문이다. 아황산가스에 꽃을 노출시켜도 화청소가 분해돼 꽃이 희게 변하는 것을 쉽게 관찰할 수 있다. 성냥개비(성냥개비에는 유황성분이 포함돼있고 유황을 태우면 아황산가스가 배출된다)를 붉은 꽃 위에 살짝 접촉시키면, 곧 꽃 가장자리가 하얗게 변하고 흰 점이 군데군데 생긴다. 아황산가스 성분이 세포 내로 들어가 화청소를 분해하기 때문이다.

꽃을 뚜껑이 있는 유리 원통 안에 넣고 그 속에서 유황을 태우면 꽃은 2~3분 후에 완전히 희게 된다. 그러나 이 꽃을 다시 공기 중에 내놓으면 여러 시간 뒤 처음 색깔로 되돌아간다. 원예가

식물, 그린의 마술사

들은 이 원리를 이용해 꽃을 인위적으로 죽여 모양과 색깔이 훌륭하게 보존된 아름다운 꽃다발을 만들기도 한다.

새로 꺾어온 꽃을 아황산가스로 채워진 유리 원통 안에 넣고 24시간 동안 방치해두자. 그러면 꽃이 하얀 색으로 변한 채 죽는다. 이를 꺼내 바람이 잘 부는 그늘진 곳에 실로 매달아둬 건조시키면 완전히 희게 변했던 꽃은 본연의 색으로 되돌아온다. 게다가 황산가스에 의해 인위적으로 죽은 꽃은 떨켜가 생기지 않아 꽃이 쉽게 떨어지지 않기 때문에 자연건조시킨 꽃다발보다

보존성도 좋다.

여름에도 단풍을

여름철 동안 초록빛을 자랑하던 개머루, 포도, 산포도, 층층나무의 잎이 가을이 되면 곱게 붉은 빛으로 물드는 것을 쉽게 발견할 수 있다. 이 역시 가을에 생성되는 화청소에 의한 것인데, 이때 생성되는 화청소는 빛과 낮은 온도에 의한 것이다. 여름철에도 잎을 단풍처럼 붉게 물들게 하는 방법은 없을까?

8월쯤 포도원에 가서 아직은 푸른 빛인 커다란 포도나무 잎의 한 복판에 있는 중앙잎맥과 그 바로 옆을 면도칼로 일부 자른다. 2일쯤 후 가보면 상처가 있는 곳을 중심으로 잎맥 아래쪽은 여전히 푸른 빛을 띠고 있지만 위쪽은 확실히 붉게 물들어있는 것을 볼 수 있을 것이다. 왜 그럴까.

식물의 잎에서는 낮 동안의 광합성작용으로 포도당이 만들어지고, 여러 포도당은 녹말이나 셀룰로오스와 같은 거대한 분자로 바뀐다. 밤에는 낮에 생성된 녹말이나 셀룰로오스가 다시 포도당으로 변해 줄기나 뿌리로 이동해간다. 그러나 잎 복판의 중앙 잎맥을 잘라 놓으면 포도당의 이동통로가 끊어진다. 따라서 잘라진 중앙잎맥의 윗부분에 생성된 포도당은 이동하지 못하기 때문에 잎의 윗부분에 쌓이게 된다. 안토시아닌의 경우 색소화합물 구조 내에 당분자(포도당이나 갈락토오스)를 포함할 수 있는데, 이동하지 못하고 축적된 포도당이 안토시아닌 구조에 결합된다. 이들이 붉은 색소의 형성을 촉진해 잎의 윗부분이 붉어지게 된 것이다.

42　식 물, 그 린 의 마 술 사

식물의 생각

식물들의 손익계산

미모사는 건드리면 잎을 오므리고, 대나무는 죽기 직전에 꽃을 피운다. 해뜰무렵 해바라기는 해뜨는 곳을 어떻게 아는지 서쪽으로 향했던 얼굴을 동쪽으로 돌린다. 식물이 엮어내는 신비로운 행동을 어떻게 해석해야 할까. 과연 식물도 인간처럼 생각할 수 있는 것일까.

　어른들 말씀 중에 '범띠나 용띠는 집에서 짐승을 거둘 수 없다'는 얘기가 있다. 센 기운을 타고난 사람은 짐승도 꺼린다는 말이다. 식물 역시 제대로 키워내지 못하는 사람이 있는가 하면 누군가가 버린 화분들도 싱싱하게 거두는 사람이 있다. 이와 같은 식물과 사람의 '궁합'은 양자 간에 어떤 감정적 교류가 있음을 의미한다. 제비꽃은 주인이 아프면 따라서 아프고, 홍당무는 토끼가 나타나면 사색이 된다고 하는데…. 소리도 없고 움직임도 없는 식물들의 내밀한 세계를 들여다보자.

◐ 다른 나무의 줄기에 붙어 나무로부터 떨어지는 빗물과 양분을 먹고사는 착생식물의 일종인 난초류.

꽃을 피우는 것은 자살행위?

온실 입구에 자라는 화초들 중에는 주인이 매일 쓰다듬어주면 놀랍게도 때이른 꽃을 피우는 것들이 종종 있다. 주인의 보살핌에 대한 은혜를 갚기 위해 꽃을 피워 아름다움을 선사하려는 것일까. 물론 이 의문에 대한 확실한 정답은 없지만, 불행히도 정반대의 결과라는 해석이 있다.

사실 화초에게 주인의 지나친 손길은 무척 두렵고 위협적이다. 화초는 이 상황을 모면하기 위해 빨리 꽃을 피워 씨앗을 남기고 자신은 죽기로 작심한 것이다. 일종의 자살행위로 볼 수 있다. 이러한 현상을 전문용어로 '접촉형태발생'이라 한다. 꽃에 대한 사랑은 고대 네안데르탈인까지 거슬러 올라간다지만, 아직까지 꽃에 대한 인류의 사랑은 누군가 말했듯이 짝사랑인가보다.

반면 작물은 주인의 발자국 소리를 듣고 자란다는 말이 있다. 이 경우 사람에 의한 땅과 공기의 적당한 진동은 식물들의 성장을 부추기는 자극이 된다. 그러나 여기에는 직접적인 '접촉형태'의 자극이 없다는 점을 알아야 한다.

식물사회의 불한당 기생식물

어딜 가나 남의 등을 쳐서 먹고 사는 못된 군상이 있게 마련일까. 식물사회에도 땀흘리지 않고 편히 살아가려는 파렴치한이

있다. 기생식물이 바로 식물사회의 불한당들이다.

 참나무의 줄기에 공중주택을 짓는 겨우살이는 대표적인 기생식물이다. 겨우살이는 애써 뿌리를 만들 필요도 없을 뿐더러 그 지긋지긋한 흙 속으로 몸을 내리지 않아도 된다. 더욱이 힘들여 물과 양분을 땅속으로부터 끌어올릴 이유도 없다. 이놈들은 뿌리 아닌 뿌리를 참나무의 물이 지나가는 길과 양분이 지나가는 길에 박아 나무의 것을 중간에서 슬쩍 끌어간다. 이런 생태를 보면 겨우살이보다는 더부살이라는 이름이 더 어울릴지도 모른다. 겨우살이는 자신이 점령하고 있는 줄기가 고사하면 동시에 생을 마감해야 한다.

 그러나 이 정도는 약과다. 악당 중의 악당인 새삼 같은 부류들과 비교하면 말이다. 새삼은 최소한 생산기관인 잎마저도 없다. 따라서 모든 살아가는 힘을 숙주식물인 나무에게서 강탈한다. 새삼은 덩굴손으로 아래를 더듬어가며 숙주가 될 나무를 탐색하는데, 가늘고 빈약한 가지와 닿을 경우 덩굴손을 풀고 다시 다른 튼튼한 가지를 탐색한다.

 적합한 대상을 찾은 새삼은 자신의 몸을 숙주의 몸에 강하게 밀착시킨 뒤 미세한 실과 같은 조직을 숙주나무의 몸속으로 침투시켜 원하는 것을 손에 넣으면서 곧 세력을 확장한다. 새삼과 같은 기생식물에게 뜻하지 않게 양식을 강탈당한 나무는 말라 죽어가게 된다.

 기생식물은 세계적으로 열대우림에 있는 나무들에게서 많이 관찰할 수 있다. 하나의 나무는 다양한 기생식물과 착생식물(다른 식물의 몸통에 붙어 나무에서 떨어지는 빗물과 양분을 먹고 사는 식물)의 정원이 된다. 심하게 말해 야자수를 제외한 거의 모

◯ 기생식물이 자랐던 나무는 물길과 양분 길이 끊겨서 서서히 죽음을 맞게 된다.

든 나무들이 기생식물에게서 자유로울 수 없다.

하지만 엄밀히 말해 야자수에 기생식물이나 착생식물이 전혀 붙지 않는 것은 아니다. 야자수는 나무이긴 하지만 마치 풀과 같이 꼭대기의 거대한 새순에서만 성장이 이뤄진다. 잎이 일정기간 수명을 다해 떨어지면 같이 붙어 자라던 식물들도 함께 떨어진다. 결국 야자수의 자유로움은 기생식물이 자비를 베풀어서가 아니라 야자수의 특성 때문에 생긴 행운인 셈이다.

파리지옥풀이 곤충을 잡아먹는 이유

식물에게 꽃가루를 주고 꿀을 제공받는 식물과 곤충과의 관계는 참으로 아름다워 보인다. 그런데 이 과정을 악용해 잔꾀를 부리는 식물이 있다. 일부 꽃들은 아주 인색해서 공짜로 수분을 하기도 하는데, 수많은 난초가 여기에 해당한다.

이들은 속임수를 써서 곤충을 마음대로 이용하는데, 암펄 냄새를 피우거나 암펄과 비슷한 형태의 꽃모양을 만들어 수펄을

◐ 하늘의 빛을 차지하기 위해 다른 식물을 타고 올라가는 덩굴식물인 나무수국.

유인한다. 서양란의 한 종류인 온시디움은 꽃잎에 벌들의 경쟁자 무늬를 새겨넣어 벌로 하여금 공격을 가하게 만든다. 그 과정에서 벌은 꽃가루를 묻힌다. 로스차일드의 슬리퍼라는 난초는 진디처럼 보이는 점무늬를 새겨 넣어 진디에 알을 낳는 파리를 유인한다. 유인된 파리는 난초잎의 물통에 빠져 난초가 원하는 일을 하고야 겨우 빠져나올 수 있다.

대개 동물이 식물을 먹이로 삼는 데 반해 식충식물의 경우는 동물을 먹이로 삼는다. 그 대표적인 예가 파리지옥풀과 끈끈이주걱이다. 식물은 아름다운 꽃을 피우고 향기를 품어 벌과 나비를 불러들이고, 또한 맛있는 열매를 제공해주는 그저 온순하고 순종적인 것쯤으로만 생각해 온 사람들에게 곤충을 잡아먹는 식물이 과연 식물일 수 있을까 하는 의문이 생길 수도 있을 것이다. 아가리를 잔뜩 벌리고 있다가 날아오는 파리를 통째로 삼키는 파리지옥풀은 말 그대로 잔인한 지옥의 사자인 듯하다.

○ 최소한의 생산기관인 잎마저 없는, 가장 악질적인 기생식물인 새삼.

왜 파리지옥풀은 그처럼 험해보이는 식성을 갖게 됐을까. 파리지옥풀이나 끈끈이주걱이 사는 곳은 물이 고여있거나 축축하게 젖어있는 늪 또는 습지 근처다. 늪이나 습지의 토양은 일반 토양에 비해 산소가 부족하고 공기의 유통이 잘 되지 않는다.

또한 많은 종류의 일년생 초본들이 자라고 있어 이들의 해묵은 사체가 늪바닥에 켜켜이 쌓여있다. 유입되는 유기물의 양은 많지만 유기물을 분해시키는 호기성 미생물, 즉 산소호흡을 하는 미생물들의 활동은 저조해 유기물질들이 잘 썩지 않는다. 식물의 필수 영양물질인 질소가 유기물의 분해에 의해 공급된다는 점에서 볼 때, 늪지의 토양은 식물이 이용할 수 있는 질소가 절대적으로 부족한 곳이다.

이런 곳에 사는 식물은 만성적인 질소부족으로 고통받기 일쑤다. 뭔가 획기적인 방법을 찾지 않으면 생존 자체가 어려울 정도다. 결국 파리지옥풀이나 끈끈이주걱은 과감히 식성을 바꾸기로 작정했다. 사람이 단백질을 섭취하기 위해 고기를 직접 먹는 것과 마찬가지로 곤충을 직접 잡아먹는, 실로 놀라운 방식을 취하

식 물, 그 린 의 마 술 사

○ 외국산 식충식물의 일종인 벌레잡이통풀. 물통처럼 생긴 통 속에는 곤충의 몸을 녹이는 소화액이 들어있다.

게 된 것이다. 그런데 더욱 놀라운 것은 이 식물들은 항상 손익계산을 따져본 후 먹이를 사냥한다는 사실이다. 즉 이들은 소화액을 분비하는 데 드는 경비를 상회할 때만 곤충을 잡아먹는다.

소화액 분비에도 계산이 숨어있다

파리지옥풀은 두 개의 좁고 두툼한 잎이 양쪽으로 갈라져있고, 가장자리에는 가시모양의 돌기가 솟아있다. 곤충들이 좁은 잎의 표면에 앉는 순간 곤충은 안테나를 건드리게 된다. 곧 잎에서는 미세한 전기자극이 일어나고, 두 개의 잎은 불과 0.3초 만에 닫혀버린다. 그런데 파리지옥풀은 한 번의 자극으로는 소화액을 분비하지 않는다. 파리지옥풀의 돌기는 서로 맞물리더라도 일정한 틈이 생기게 되는데, 이 틈보다 작은 곤충은 무사히 빠져나올 수 있다. 그러나 몸집이 큰 곤충은 빠져나올 수 없으며, 곤충이 몸부림치는 동안 돌기들은 다시 자극을 받게 된다. 이때야 비로소 파리지옥풀은 소화액을 분비한다.

○ 어쩌면 식물은 동물보다 더욱 정교한 생명질서를 갖고 있을지도 모른다.

여기에는 어떤 계산이 숨어있을까. 몸집이 작은 곤충은 소화하는 데 소모되는 에너지를 충분히 보상받을 만큼 영양분이 많지 않다. 별 이득이 없다는 뜻이다. 파리지옥풀은 작은 곤충이 잎을 빠져나간 후라도 바로 사냥태세를 갖추지 않는다. 자극이 있은 후 20분 정도가 경과한 후에야 잎을 연다. 이는 살랑이는 바람이나 작은 곤충과 같은 불필요한 자극이 완전히 제거될 때까지의 시간을 벌고자 하는 속셈이다. 혹시 식물들이 극단의 환경에 처하게 된다면 공격의 대상이 곤충을 넘어설 수도 있지 않을까. 식물은 지구상에 사실상 제일 먼저 출현한 생물이다. 주위로 눈을 돌려보면 식물에 의해 점령당하지 않은 땅이 없음을 보고 놀라지 않을 수 없다. 우리는 식물이 지구상의 어느 생명보다도 지혜로우며 외부환경과의 투쟁에서 결코 뒤지지 않는 강력한 생명집단임을 인정해야 한다. 다행히 식물의 생명현상에 대한 과학적 접근과 해석이 시도되고 있어 앞으로 식물의 놀라운 세계가 우리 앞에 펼쳐질 것으로 기대된다.

식물, 그린의 마술사

생물 타임캡슐

식물 속에 담긴 옛 기후

⬆ 전자현미경으로 본 해바라기 꽃가루.

인류가 온도계로 기온을 측정한 것은 1850년대 중반 이후다. 그 이전의 기후는 간접적인 증거를 통해 추정할 수밖에 없다. 이 때도 식물은 과학자들에게 매우 중요한 정보를 제공한다. 나무의 나이테나 호수나 늪지에 가라앉아 있는 꽃가루는 고대 기후를 연구하는 데 중요한 대표적인 '생물 타임캡슐' 이다.

기후변동 알려주는 나무의 연륜

나무의 세포는 봄부터 여름까지는 물 공급이 충분하기 때문에 부피가 커진다. 그러나 세포를 만드는 데 열중한 나머지 미처 두

제5부 생물 타임캡슐 | **식물의 세계** | 51

○ 미국 애리조나 주에서 채집된 나무의 나이테. 가운데 화살표는 서기 550년을 가리킨다.

껍고 튼튼한 세포벽을 만들지 못한다. 반면 늦여름에서 가을에 이르는 시기에는 물 공급이 적어 세포가 충분히 팽창하지 못하는 대신 세포벽이 두꺼워진다. 이 차이가 띠로 나타나는 것이 바로 나이테다. 과학자들은 나이테의 굵기, 조밀도 등을 비교해 기후 변화를 알아낸다.

    나이테는 나무가 자랄 당시의 자연 사건까지 추적할 수 있게 한다. 연륜연대학을 연구하는 박원규 교수(충북대 산림과학부)는 "나이테에 나타난 생장교란점을 찾아냄으로써 생육환경이 어떻게 변화했는지를 추정할 수 있다"고 말한다. 나이테가 한쪽으로 찌그러진 경우는 토양의 침식이나 산사태로 나무가 기운 채로 자랐기 때문이다. 이 경우 침엽수는 경사면 아래쪽으로 타원형이 되며 활엽수는 그 반대다. 나이테로 알아볼 수 있는 시간은 5백~7백 년 전부터 현재까지지만 화석의 경우엔 더 늘어난다. 세계적인 과학잡지 '네이처(Nature)'에는 칠레에서 발견된 나무 화석의 나이테로 5만 년 동안의 기후변화를 알아냈다는 결과가

◐ 꽃가루 화석은 고기후를 알려주는 중요한 자료가 된다.

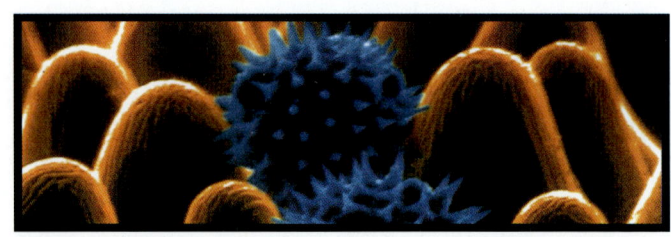

게재되기도 했다.

식물의 지문 꽃가루

호수와 늪지의 퇴적물에는 꽃가루가 많이 포함돼있다. 꽃가루의 외부 세포벽은 강한 황산에도 녹지 않고 고온고압 상태에서도 수만 년 정도 보존되는 스포로폴레닌이란 단단한 단백질 물질로 구성돼있다.

서울대 이은주 교수(생명과학부)는 "꽃가루는 식물의 종류마다 외부 모양과 크기, 장식이 조금씩 차이가 나기 때문에 꽃가루를 가지고 식물을 알아낼 수 있다"면서 "꽃가루는 식물의 지문인 셈"이라고 말한다. 과학자들은 꽃가루를 통해 과거의 식물상을 알아내 결과적으로 기후변동을 추적한다.

예를 들어 미국 미네소타 북부의 한 습지퇴적층에서 1만1천 년 전까지 거슬러 올라가면서 이 지역에 서식하던 14종의 꽃가루를 확인했다. 조사결과 가장 오래된 층에서는 가문비나무 꽃가루가 많았는데 이것은 그 당시의 기후가 매우 추웠음을 의미한다. 그 후에는 소나무가 우세했는데 기후가 따뜻해지고 건조했음을 보여준다. 8천5백 년 전에 이르면 참나무가 많이 나타나는데 이때는 기후가 습했음을 알 수 있다.

Science Adventure

녹말이 부리는 조화

탐구마당
사이언스 어드벤처

준비물: 알루미늄 포일, 잎(나팔꽃이나 토끼풀처럼 얇은 것이 좋다), 비커, 샬레, 알코올 램프, 알코올(혹은 메탄올), 요오드-요오드화칼륨 용액, 접착 테이프

이렇게 해보자!

1. 잎의 반을 알루미늄 포일로 가린다(사진1).
2. 알루미늄 포일 사이로 빛이 새어 들어가지 않도록 잎과 닿는 부분을 접착 테이프로 붙인다. 이때 접착 테이프를 너무 단단히 붙이면 떼어낼 때 잎살이 함께 떨어지므로 조심해야 한다. 알루미늄 포일의 모양을 다양하게 자르면 그림이나 글자를 나타내게 할 수 있다. 잎 위에 상상의 나래를 한껏 펼쳐보자.
3. 이튿날 오후(흐린 날은 3일 이상)에 잎을 떼어낸다.
4. 잎을 따서 뜨거운 물(90℃ 정도)에서 데쳐낸다.
5. 녹색의 색소(엽록소)를 제거하기 위해 잎을 알코올(메탄올)에 담아 물로 중탕한다.
6. 희게 된 잎을 다시 뜨거운 물에 담근다. 그러면 잎이 다시 연해진다(사진2).
7. 물에서 꺼낸 후 요오드-요오드화칼륨 용액이 들어있는 샬레에 3~5분간 담가서 색깔의 변화를 관찰한다(사진4, 5).
8. 물에 씻은 다음 말려서 흰 종이에 붙여서 잘 보관한다.

왜 그럴까?

요오드용액에 넣으면 햇빛을 받은 부분이 차차 청남색으로 변한다. 이로써 잎 속에 녹말이 들어있다는 것을 알 수 있다. 광합성을 위해서는 빛이 필요하고, 광합성의 결과 녹말이 만들어진다는 것을 알 수 있는 실험이다.

광합성을 식으로 나타내면 다음과 같다.

$$\text{물}(12H_2O) + \text{이산화탄소}(6CO_2) \xrightarrow[\text{(엽록체)}]{\text{빛}} \text{녹말}(C_6H_{12}O_6) + \text{산소}(6O_2) + \text{물}(6H_2O)$$

1. 광합성 결과 : 녹말이 잎에서 만들어지는지 알아보기 위해 나뭇잎의 일부를 알루미늄 포일로 가린다.
2. 엽록소를 제거한 잎.
3. 알루미늄 포일로 가리지 않은 잎을 요오드용액에 반응시킨 결과.
4. 요오드용액에 1분 동안 담궜을 때.
5. 요오드용액에 2분 동안 담궜을 때.

Survival Quiz

서바이벌 퀴즈

- 땀을 많이 흘려 갈증이 날 때 과일을 먹으면 좋은 이유는 무엇일까?
- 주목 껍질에서 추출한 강력한 항암물질의 이름은?
- 단군신화에도 나오는 식물로 살균력이 강하고 세포 노화를 막으며 성인병을 예방할 수 있는 것은?
- 약효가 가장 뛰어난 은행잎이 생산되는 나라는?

2 사람과 식물

건강에 도움이 되는 과일, 질병을 고치는 약이 되는 여러 가지 식물들에 대해 알아보고 봄철 꽃가루와 알레르기에 대해서도 알아보자. 사람의 건강을 위협하는 식물 '담배'의 특성에 대해서도 알아보자.

1 과일의 영양학
무더위의 독기를 다스린다

2 마늘
각종 질병 예방 효과

3 은행나무
잎 속에 담긴 비방

4 알레르기
철마다 찾아오는 불청객

5 담배
기호품인가, 마약인가?

식물, 그린의 마술사

| 과일의 영양학 |

무더위의 독기를 다스린다

plant

이마에 땀방울이 맺히고 시원한 나무그늘이 그리워지는 여름이 오면 느티나무의 넉넉한 그늘에 둘러 앉아 평상이나 멍석을 깔고 수박이나 참외 같은 신선한 과일을 나누며 더위를 달래는 모습이 자연스럽게 떠오른다. 여름의 더위 속에서 시원함과 청량감을 주며 건강한 여름을 지내도록 도와주는 주는 과일에 대해 알아보자.

비타민과 무기질의 보고

계절마다 생산되는 과일의 종류는 매우 다양하며 종류마다 맛과 영양가가 각기 다르다. 그러나 일반적으로 과일에는 다량의 당류가 함유돼있어 단맛을 낸다. 과일의 당류는 주로 당질이 소화됐을 때 얻어지는 포도당, 혹은 과당 등의 단당류로 존재하는데, 피로할 때 과일을 섭취하게 되면 과일 내의 당분은 소화과정을 거치지 않고 곧 흡수돼 체내에 필요한 에너지를 공급함으로써 피로 회복에 도움을 준다.

과일의 열은 가식부(먹을 수 있는 부분) 1백g 중 50kcal 전후로서 같은 양의 채소보다 약간 높으나, 대부분의 과일은 단백질과 지방이 1% 이하로 매우 낮은 편이다. 과일은 무엇보다도 비타민과 무기질이 풍부하며 이들의 주요 공급원이다. 특히 비타민 A와 비타민 C가 많으나 비타민 B_1, B_2는 별로 함유돼있지 않다. 무기질로는 칼륨(K)과 칼슘(Ca)이 많고 인(P), 철분(Fe), 황(S) 등도 함유하나, 과일의 종류, 과일이 자란 기후, 햇빛의 조사정도, 성숙도, 저장온도와 기간 등에 따라 차이가 있다.

여름철 갈증에는 과일이 최고

과일의 주성분인 수분은 80~95% 정도 함유돼있어 체내수분의 주요 공급원 되기도 한다. 특히 더운 여름에 땀을 많이 흘려 체내수분이 손실되면, 체액 내에 용해돼 있던 나트륨(Na), 칼륨(K), 염소(Cl) 등 무기성분을 비롯한 여러 수용성 성분이 감소돼 신체내에 불균형을 일으키게 된다.

이때 손실된 만큼의 수분을 보충하려는 생리적 욕구가 생기게 되는데, 이럴 때 냉수를 마시게 되면 갈증은 가시나 힘이 빠지고 피로를 느끼며 식욕이 감퇴되는 경우가 있다. 이는 냉수가 체내에 들어가면 혈액이 묽어져 신장과 심장에 부담을 주며, 무기성

❂ 여름철 과일은 수분과 무기질, 비타민을 고루 갖추고 있어 신진대사에 도움을 준다. 그러나 너무 많이 먹으면 똥보가 될 수도 있으니 주의하자.

분 등의 균형이 무너져 신진대사에 이상이 생기기 때문이다.

반면에 과일을 먹으면 과일의 주성분인 수분섭취는 물론 단백질, 당질, 무기질, 비타민류 등을 고루 섭취할 수 있어 신진대사의 급격한 변화를 막고 체내 균형을 유지하는 데 도움을 준다. 과일이 영양적 측면에서도 우수하다는 뜻이다.

과일에는 영양분 외에도 사과산 구연산, 주석산 등의 유기산이 있어서 신맛을 내고, 휘발성 화합물 등의 방향성 성분이 함유돼있어 독특한 향과 청량감을 준다. 이들 성분은 식욕을 증진시켜주는 역할을 한다.

과일마다 함량의 차이는 있으나 섬유질(cellulose)과 펙틴이 함유돼있다. 이는 장벽을 자극해 변통을 원활히 하므로 변비를 예방하고 더 나아가 변비로 시작되는 여러 가지 대장계통의 질병(장게실증, 치질, 직장암 등)을 막아준다. 특히 펙틴(pectin)은 장내 지방이나 담즙의 배설을 촉진해 혈중 중성지방이나 콜레스테롤을 저하시켜 각종 심장 및 혈관계 질환의 예방과 치유에 효과가 있는 것으로 알려져있다.

그러면 여름철의 주요 과일인 수박, 참외, 포도에 대해 좀 더 자세히 살펴보도록 하자.

수박, 이뇨 작용에 특효

수박은 박과에 속하는 일년생 덩굴풀로서 아프리카가 원산지로 알려져있으며 이집트에서는 이미 기원전 2650년경에 재배됐다고 전해진다. 지중해 동쪽 연안 팔레스타인을 거쳐 인도와 중국으로 전래됐다고 하며 우리나라에는 1450년에 심었다고 기록돼있다(연산군 일기). 사임당 신씨(1504~1551)의 그림에서도 수박이 나타나는 것으로 보아 16세에 이미 널리 알려져 사랑받았던 것으로 보인다.

현재 전세계의 수박 생산량은 1천6백만 톤이나 되며 아시아와 유럽에서 가장 많이 생산되고 있고 주요 산지는 지중해 연안, 소련 남부, 중국 남부, 미국, 브라질 등이다.

수박은 시원한 화채뿐만 아니라 속껍질로 깍두기나 꿀을 잰 정과(正果)도 만들며, 단물을 내 고아서 물엿을 만들기도 한다.

수박은 92~94% 정도가 수분이며 단맛을 내는 5~7%의 당질을 함유하고 있다. 당질 중에는 과당이 70%, 포도당이 20% 포함돼있어 체내에 쉽게 흡수된다. 수백g을 먹어도 열량은 21kcal밖에 내지 않는 저열량 식품이기도 하다.

수박에는 비타민의 함량이 매우 적은 편이어서 과육 내 비타민 함량은 1백g당 5mg 정도이나 비타민 A는 45IU(International

🔸 뜨거운 햇볕을 받아 메스꺼울 때 수박을 먹으면 효과를 볼 수 있다.

Unit, IU는 1백g당 0.3μg 정도)가 포함돼있다. 또한 미량이나마 칼슘(Ca), 인(P), 철분(Fe) 등의 무기질도 포함돼있다.

수박이 이뇨작용에 특히 효과가 있다는 것은 잘 알려져있다. 수박의 과육을 긁어 즙을 내 달여서 물두부 같이 만든 수박탕을 복용하면 신장병에 효험이 있다고 한다. 이는 통리제(通利濟)로서 이뇨의 효과가 있을 뿐만 아니라 염증을 없애고 해열하는 효과가 있기 때문이다.

뜨거운 햇빛을 받아 메스껍거나 토하려 할 때 수박을 먹으면 효과를 볼 수 있다. 이는 수박에 1%가량 들어있는 단백질에, 다른 과일에서는 쉽게 찾아볼 수 없는 시투룰린(citurullin)이라는 특수 아미노산이 함유돼있어 이뇨 작용을 촉진시키기 때문이다. 이러한 이뇨 작용은 몸 속에 생긴 피로소(疲勞素) 또는 독소를 배설시킴으로써 여름철에 무기력해지기 쉬운 체내에 활력을 주며 혈압을 내리고 신장기능을 돕는다.

입과 코의 부스럼을 다스리는 참외

참외는 박과에 속하는 1년생 덩굴식물로서 인도가 원산지며, 야생종이 개량돼 오래 전부터 재배돼 온 것으로 알려져있다. 중국에서는 기원전부터 재배했으며 5세기 경에 현대 품종의 기본형이 생겼다고 한다. 원산지로부터 우리나라, 중국, 일본 등지에 퍼져 오랫동안 재배돼 오는 사이에 동양계 참외가 분화됐다.

참외는 여러 종류가 있지만 요즘 가장 흔한 것은 노란 바탕에 이랑을 이룬 듯이 선이 있는 은천 참외가 주종이다. 색깔이

↪ 참외는 해독작용도 가지고 있다고 한다.

유난히 노랗고 선이 없는 감 참외나 보통 개구리 참외라고 불렸던 성환 참외는 1950년대까지 재배됐으나 모양과 맛이 뛰어난 은천 참외에 밀린 느낌이다.

노란 단내 나는 맛으로 사랑받아온 참외는 화채 외에도 쇠고기, 파, 고추장을 같이 버무려 끓여 먹는 지짐이나 간장에 담근 장아찌로 만들어 반찬으로 이용하기도 한다.

참외는 수분을 90~93% 정도, 당질은 5~7% 함유하고 있어 단맛을 내고 가식부 1백g당 약 30kcal의 열량을 낸다. 또한 비타민 A와 C의 함량이 많아 1백g당 종류에 따라 1백~3천4백IU의 비타민 A와 약 10~35mg의 비타민 C를 함유하고 있으며 칼슘(Ca), 인(P), 철분(Fe) 등 무기질도 미량 함유돼있다. 본초강목(本草綱目)에는 "참외는 갈증을 멎게 하고 번열(煩熱)을 없애고 소변이 잘 통하게 하고 입, 코의 부스럼을 다스린다. 참외 꼭지는 전신부종을 치료하는 데 쓰이며, 충독(蟲毒)과 황달 등 모든 과독(果毒)을 다스려 토하게 하는 주약이다"라고 기록돼있어 그 참외가 갈증해소뿐 아니라 해독에도 효과가 있음을 알 수 있다.

그러나 "많이 먹으면 냉병이 통하고 속을 헤치며 수족이 무기력해진다. 습열(濕熱)로 생기는 병과 기허(氣虛)한 사람은 더욱 꺼려야 한다"라고 기록돼있는 것으로 보아, 과다한 섭취는 오히려 몸을 무기력하게 할 수도 있으므로 주의해야 할 것이다.

비교적 열량이 많은 포도

포도는 포도과의 낙엽성 덩굴식물로서 유럽종과 미국종으로 크게 나뉜다. 유럽종의 원산지는 근동(近東)이나 중앙아시아다. 이미 신석기시대에 야생종이 재배되기 시작했으며, BC

식물, 그린의 마술사

◐◐ 포도는 심장혈관계 질환의 예방에도 효과가 있다.

2000~1500년경부터 서아시아와 메소포타미아 지방에서 재배돼 포도주 양조가 시작된 것으로 알려져있다.

이집트에서는 BC 3000년쯤부터 포도주에 관한 기록이 있으며 점차 지중해 여러 나라에 전파돼 남유럽계 포도의 바탕이 됐다. 중국에는 한나라 무제 때 서역에 파견된 장건에 의해 유입돼 우리나라까지 전파된 것으로 생각된다.

포도는 생식, 포도주, 주스, 잼, 젤리로 많이 이용되며, 건과를 만들기에 적당한 과일로서 건조하면 탄수화물과 무기질이 농축돼 맛이 좋아진다.

수분은 85~86% 정도, 포도당은 17% 정도 함유돼있고 가식부 1백g당 40~50kcal의 열량을 낸다. 건포도에는 70% 정도의 포도당이 함유돼있으며 가식부 1백g당 2백80kcal 정도의 열량을 내, 지친 체력을 회복시켜 주는 데 탁월한 효과가 있다.

또한 비타민으로는 판토텐산(Pantothenic acid), 이노시톨(Inositol), 비타민 B1, C를 소량 함유하고 있으며 무기질로는 칼슘과 인의 함량이 많은 편이다. 소량의 철분도 들어있다.

현재 시중에 시판되는 재래포도와 거봉의 영양적인 면을 비교해보면 거봉에 단맛은 많으나 칼슘과 인, 비타민 B1과 C, 무기질 함량은 재래포도보다 훨씬 적게 함유돼있다.

포도에는 특히 펙틴의 함량이 많아 잼과 젤리로 가공하기 쉬우며 장내에서 담즙과 중성지방의 배설을 촉진하여 심장 혈관계 질환의 예방에도 효과가 있다.

과식하면 뚱보가 될 수도

앞에서 살펴본 바와 같이 과일은 종류마다 각기 함량의 차이는 있으나 주성분이 수분으로 구성돼있어 체내에 수분을 공급할 뿐만 아니라 비타민과 무기질의 공급원으로서 중요한 역할을 한다. 또한 단맛과 신맛이 조화를 이루어 청량감과 식욕증진의 효과를 갖고 있어, 채소류의 섭취를 꺼리며 체구에 비하여 활동량이 많은 어린이들에게 적극 권장할 필요가 있다.

또한 피로회복과 변비 및 심장혈관계 질환의 예방에 많은 장점을 갖고 있어 다양한 과일의 섭취는 바람직하지만, 이것도 과식하면 몸에 이롭지 않다. 특히 과일 중의 당분은 몸에 축적되면 지방으로 변해 살이찌는 원인이 되므로 주의해야 할 것이다.

식물, 그린의 마술사

각종 질병 예방 효과

마늘

plant

동서양을 막론하고 많은 문화권에서 일찍부터 마늘은 사악하고 흉한 악귀를 물리치는 상징적인 식물로 여겨져왔다. 마늘의 독특하고 강한 향기가 악귀를 쫓는다고 믿었던 것이다.

마늘에 대한 몇 가지 얘기

종교적인 차원에서 마늘의 상징은 남성의 정력을 강화시키는 약리작용과 밀접한 관련이 있다. 불교에서는 마늘을 익혀 먹으면 성욕이 발동하고 날것으로 먹으면 마음 속에 열기가 생긴다고 하여 승려의 수도과정에서 금기시됐고, 도교에서도 마늘은

제2부 마늘 | 사람과 식물

○ 마늘은 동서양을 막론하고 악귀를 물리치는 상징적인 식물로 여겨졌다.
○ 고소한 치즈크림과 토마토 마늘빵의 맛이 어우러진 이탈리아 전채요리.

성욕을 강화시켜 수련을 방해한다고 일렀다. 또 우리나라의 단군신화에는 곰이 마늘과 쑥을 먹고 사람으로 변했다는 얘기가 있고, 유대인의 '탈무드'는 천국에서 재배되던 마늘을 타락한 천사가 지상에 추방될 때 가져와 지상에 퍼뜨린 것이라고 한다.

식용마늘에 관한 최초의 기록은 4천5백년 전 축조한 이집트 피라미드 안에서 발견됐다. 피라미드 건설에 동원된 노예들은 마늘을 먹고 40도가 넘는 불볕더위를 견뎌내며 불가사의한 역사(役事)를 이룩했다고 한다. 이들이 먹은 마늘 음식은 고대 로마로 건너가 강력한 로마군대의 섭생비결이 됐으며, 이는 지중해 연안에서 시작돼 전세계로 보급된 마늘빵의 원조격이다.

히포크라테스는 허파가 감염됐을 때 생마늘즙으로 처방했다고 하며, 현대인들이 성서에 손을 올려 놓고 선서를 하듯이 고대 이집트인들은 마늘에 손을 올리고 맹세를 했는가 하면, 부패방지를 위해 왕들의 무덤 속에 마늘을 집어넣었다고 한다. 1858년 파스퇴르는 마늘에 항균성분이 있다는 것을 밝혀냈으며, 슈바이

○ 마늘의 살균, 항균작용은 페니실린보다도 강하다고 한다.

처도 마늘이 설사에 좋다는 것을 알고 아프리카로 가져간 사실이 있다.

한편 동양에서 마늘의 역사는 중국 고대 의서인 신농본초경(神農本草經)으로 거슬러 올라간다. 여기서는 마늘을 장기복용해도 몸에 해가 없는 '상약(上藥)'으로 꼽고 있다. 마늘의 의학적 효과에 관한 동양 최초의 기록은 16세기 명나라의 이시진이 저술한 본초강목(本草綱目)이다. 이시진은 "마늘은 감기를 예방하고 냉증에 좋으며 변비나 피부질환에 도움을 준다. 또 설사에 효능이 있으며 소화를 촉진하고 이뇨와 해열작용이 있다"고 썼다. 또한 마늘 속에는 독이 있으나, 그것은 암을 다스린다고 했다.

허준의 동의보감에도 "마늘은 종양을 헤치며 비장을 튼튼하게 하고 위장을 따뜻하게 한다"고 기록돼있다. 그러나 마늘은 성질이 매우 자극적이어서 날것으로 오랫동안 먹으면 간(肝)과 눈을 해친다고 경고했다. 그래서 옛사람들은 마늘을 찌거나 꿀에 절여 먹었는데, 이 경우에도 지나친 섭취는 금했다.

마늘의 효과

마늘의 가장 큰 효과는 적혈구를 증가시켜 몸속에 신선한 혈액을 공급하고, 세포노화를 막고 체력을 증진시켜 성인병의 가장 큰 주범인 암이나 심장질환, 뇌혈관 질환을 예방하는 것이다.

또 마늘은 페니실린보다 강한 살균, 항균작용을 한다. 마늘 추출물을 12만 배로 묽게 해도 결핵균이나 디프테리아균, 이질균, 티푸스균, 임질균 등에 대해 충분한 저해 작용을 한다. 또한 마늘은 비타민 B_1과 결합하여 흡수를 촉진시키기 때문에 피로회복이나 체력증진의 강장작용을 할 뿐 아니라, 호르몬의 분비를 촉진하는 작용이 있어서 정력증강이나 강장제로서 일반에 알려지고 있다. 마늘의 주요 성분인 알리신은 위의 점막을 자극해 위액의 분비를 촉진하므로 소화촉진 효과가 있다.

전세계의 여러 학자들이 마늘의 성분에 대한 많은 연구를 수행했고, 마늘은 콜레스테롤 억제, 여러 암(장,위, 간, 폐, 피부)의 성장 억제뿐 아니라, 진통과 해독효과, 알츠하이머, 심장병, 방광질환, 에이즈, 동맥경화 등에 대해서도 좋은 결과를 보인다고 알려졌다. 그러나 마늘 섭취 효과는 긍정적인 영향을 보인 결과만 모아 집중적으로 발표했기 때문에 과장된 면이 많다는 부정적인 견해를 갖고 있는 연구자들도 있다.

은행나무

잎 속에 담긴 비방

plant

은행나무는 2억 년 전부터 지구상에 존재해 왔다. 현재까지 생존하고 있는 식물 중 가장 '연장자'인 이 나무는 '종의 기원'으로 유명한 생물학자 다윈으로부터 '살아있는 화석'이라는 별명을 얻었다. 이 나무의 원산지는 극동아시아인데 다년생 관목으로 발생학상 침엽수와 비슷하다.

버릴 데 없는 나무

자웅이체인 이 은행나무는 공해에 잘 견딜 뿐더러 병충해에 강한 면을 보인다. 그래서 가로수로 많이 활용돼왔고 이 나무 주

제3부 은행나무 | **사람과 식물** | 69

🔴 우리나라에는 오래된 은행나무들이 매우 많다. 사진은 천연기념물인 충북 괴산의 은행나무.

변에는 벌레가 별로 없다는 말이 생겼을 정도다.

국내에는 천연기념물로 지정된 장수거목이 전국에 12그루가 있다. 보호목으로 선정된 은행나무도 8백17그루나 된다. 특히 천연기념물 제30호인 용문사 은행나무는 수령이 1천1백27년으로 이 부문에서 가위 세계 챔피언급이다. 이 나무에는 전설도 많이 남아있다. 그 중 신라의 마지막 왕인 경순왕의 아들이었던 마의태자가 나라를 잃은 슬픔을 달래기 위해 금강산에 가면서 짚고 가던 지팡이를 꽂았는데 그 지팡이가 뿌리를 내려 오늘에 이르렀다는 전설이 널리 알려져있다.

은행나무는 태풍이나 불에도 강한 면을 갖고 있다. 1788년 도쿄에 화재가 났을 때 긴자 거리에서 유일하게 은행나무만 살아남았다는 기록이 그 내화성을 입증한다. 또 유럽에서는 태풍에 강한 특성을 활용, 은행나무를 방풍림으로 이용하고 있다. 이런 '물불 안 가리는' 성질 탓에 일본에서는 '물을 뿜어내는 나무'로, 중국에서는 '불을 먹는 나무'로 통하고 있다.

○ 은행나무는 버릴 데가 없다. 열매는 고급 영양 요리와 한약의 재료로 쓰이고, 잎에서 추출한 성분은 성인병의 근본적인 치료제로 쓰인다.

　실제로 은행나무는 어디 한 군데 버릴 데가 없다. 나무의 몸체는 고급가구용 목재로 쓰인다. 소나무보다 가볍고 뒤틀리지 않으며 광택이 아름답기 때문이다. 또 열매인 은행은 저장이 쉽고 맛이 좋아 고급 요리의 재료로 활용된다. 단백질, 식물성 지방, 무기질이 듬뿍 든 이 열매는 고급 영양식품으로 그만이다. 한방에서도 은행을 귀하게 여긴다. 기침, 가래, 천식의 특효약으로 쓰일 뿐만 아니라 채종유에 1년 이상 담갔다가 폐결핵환자에게 먹이기도 한다.
　은행잎은 은행나무 중에서도 백미다. 더욱이 독일, 프랑스를 중심으로 오래 전부터 연구가 진행돼 그 신비가 상당 부분 벗겨져 있다. 특히 현대생활에서 가장 문제가 되는 고혈압, 뇌졸중, 당뇨병, 심장병 등 성인병을 근본적으로 치료해주고 있어 의학계의 이목을 집중시키고 있다. 게다가 부작용도 거의 없어 금상첨화가 아닐 수 없다. 현재 은행잎에서 추출한 의약품에 대한 연구논문만 2백여 편을 헤아리며 이 분야의 전문과학자도 3백여 명에 이르고 있다.

정제, 드링크제, 주사제 등 의약품 외에도 쓰이는 곳이 많다. 유럽에서는 비누, 샴푸, 화장품 등에도 은행잎에서 뽑은 성분을 활용하고 있다.

한국산 은행잎을 잡아라

은행잎은 세계 도처에서 구할 수 있다. 그럼에도 불구하고 세계적으로 유명한 독일의 기업도 한국의 은행잎만을 고집스럽게 수입하려고 한다. 그 이유는 무엇일까?

가장 큰 이유는 한국산 은행잎에서 약리작용을 나타내는 '징코플라본 글리코사이드' 라는 성분을 가장 많이 추출할 수 있기 때문이다. 다시 말해 생산수율이 높다는 것이다. 한국의 은행잎은 약이 되는 성분을 다른 나라의 은행잎보다 10~20배 더 함유하고 있다. 게다가 한국의 은행잎은 약리작용까지 뛰어난 것으로 밝혀지고 있다. 1천여 종의 성분으로 구성된 은행잎의 약효물질 배합구조가 다른 나라의 것과는 크게 달랐다. 특히 피 속의 노폐물을 녹여주고 이뇨작용을 도와주는 성분이 있어 피를 맑게 해준다고 한다.

한국산 은행잎이 피를 깨끗하게 해준다는 연구결과는 옛날부터 한방에서 은행잎이 청혈제로 쓰였다는 사실과 일맥상통한다. 인간이 오래 살려면 피가 맑아야 하는데 현대 성인병의 대부분이 피와 관련된 순환기 질환에 속하기 때문에 유럽에서 점점 인기가 더해가고 있는 것이다.

○ 인삼과 은행나무는 어떤 상관관계를 가지고 있는 것일까? 인삼이 잘 되는 곳의 은행잎은 대체적으로 약효와 생산수율이 높다.

인삼이 잘되는 곳에서

그렇다면 왜 하필 한국산만 그런 장점을 가질까. 대부분의 관련자들은 기후와 토질에서 그 이유를 찾고 있다. 일부 과학자들은 한국산 은행잎이 탁월한 효과를 갖는 까닭은 우리의 고려인삼이 한반도의 특정지역에서 재배됐기 때문에 특별한 약효를 갖는 것과 같은 이치라고 결론 짓는다.

그러나 그 견해가 주먹구구식이라는 견해가 만만찮다. 좀더 과학적이고 치밀한 원인진단을 할 때까지는 '확진'은 유보해야 한다는 것이다.

아무튼 은행잎은 인삼과 공유하는 특성이 많다. 우선 재배지의 근접성을 들 수 있다. 다시 말해 인삼이 잘되는 지역에서 따온 은행잎이 약효와 생산수율이 높다.

한국산 은행잎이라고 해서 모두 약효가 뛰어난 것은 아니며, 지역에 따라 현저한 차이를 보인다. 일반적으로 제주도나 거제도처럼 해안과 가까운 곳에서 채취한 은행잎은 대개가 약의 원료로 '함량미달'이라고 한다. 단, 강화도산 은행잎만은 예외다.

반면 내륙에서는 약재 자격이 충분한 은행잎이 수거된다. 국내에서 약으로 쓰기에 가장 좋은 은행잎으로는 전북 정읍 고창산, 경기 안성산, 대구산을 꼽는다.

경험적으로 보아 유황성분이 많은 토양에서 자란 은행잎, 그리고 인삼 농사가 잘됐던 곳에서 딴 은행잎이 약효가 좋다고 한다. 실제로 인삼의 고장, 금산, 익산, 강화도에서 약으로 쓰기에 딱 알맞은 은행잎이 생산된다. 특히 강화도는 은행잎과는 '상극'인 해안 지역임에도 불구하고 말이다.

○ 은행잎의 약효도 지역에 따라 현저한 차이를 보인다.

항암작용을 할 수도

은행잎이 항암작용을 할 것이라는 연구결과도 계속 나오고 있다. 주로 미국에서 이 방면의 연구를 하고 있는데, 미 국립암연구소와 하버드대학(은행잎을 이용한 항암제 징코-B 개발)이 그 선두주자다.

은행잎은 황금빛 단풍으로 물들기 직전인 9월경에 따는 것이 가장 약효가 높다. 낙엽이 져 엽록소가 파괴되면 그 속의 유효성분도 함께 증발하기 때문이다.

아무리 은행잎이 몸에 좋다고 해도 직접 끓여 먹으면 곤란하다. 부틸산 등 불필요한 화학성분을 제거하지 않으면 오히려 인체에 해를 줄 수도 있기 때문이다.

식물, 그린의 마술사

알레르기

철마다 찾아오는 불청객

plant

꽃가루 때문에 천식, 비염, 피부염으로 나타나는 봄철 알레르기. 수두, 홍역, 볼거리와 같은 병은 한번 걸리고 나면 다시는 걸리지 않는다는데, 왜 알레르기는 꽃가루가 날리는 철마다 꼬박꼬박 기승을 부릴까. 해마다 반복되는 알레르기의 원인과 예방책을 알아보자.

알레르기는 과민 면역반응

우리 신체는 자기 것과 자기 것이 아닌 것을 구별해내는 기본적이고 중요한 면역기능을 가지고 있다. 면역기능이란 자기 것이 아닌 것은 빨리 제거하고, 자기 것은 손상되지 않도록 하는 장치다. 여기에는 T-림프구, B-림프구 등 여러 가지 세포들이 복잡하게 관여한다.

그 중 대표적인 물질이 B-림프구에서 만들어지는 면역글로불린이다. 면역글로불린은 기억능력이 있어서, 한번 접촉한 물질을 기억해뒀다가 다시 접촉하게 되면 이를 적절히 처리한다.

면역글로불린에는 G, A, M, D, E의 다섯 종류가 있으며, 홍역균의 기억은 주로 면역글로불린-G (IgG)가 담당하고 있어서 홍역균의 재감염은 일어나지 않는다. 알레르기를 일으키는 원인물질에 대해서는 주로 면역글로불린-E (IgE)가 담당하고 있다.

면역글로불린-E는 다른 면역글로불린과 달리 알레르기 증상을 유발하는 세포를 자극하는 기능을 갖고 있어서, 신체가 알레르기 원인물질에 접촉할 때마다 증상을 유발하는 방향으로 작용한다. 이러한 이유로 알레르기 질환은 전염성 질환과는 달리 일정한 증상이 자주 반복해 나타나는 특성을 갖는다.

요약하면 알레르기 질환은 원인물질에 노출되면 이를 기억하는 면역글로불린-E가 신체내 B-림파구에서 생산되고, 이는 증상을 유발하는 세포를 선택적으로 자극하기 때문에 증상이 반복해 나타난다. 홍역 등의 전염성 질환에서 생산되는 면역글로불린-G가 감염의 재발을 억제하는 기능을 하는 것과는 상반된 과민반응을 보인다.

◐ 특정 음식물이 알레르기의 원인이 될 수도 있다.

천식, 비염, 피부염 모두 알레르기

'알레르기'라는 단어는 '변형된 반응'이라는 뜻의 그리스어 'Allos'에서 유래됐다. 가끔 아토피성 피부염이라는 이야기를 듣

주로 3~4월에 꽃가루가 절정에 이르는 식물들.
❶ 오리나무 꽃 ❷ 자작나무 꽃 ❸ 개암나무 꽃

게 되는데, '아토피'란 유전적인 의미를 함께 내포하는 알레르기를 의미한다. 따라서 '알레르기'는 정상적인 반응에서 벗어난 반응, 즉 과민반응과 유전적인 성향을 함께 가지고 있는 질환이다.

알레르기는 원인에 관계없이 과민반응이 형성된 신체 부위에 증상을 일으킨다. 과민반응 부위가 기관지라면 천식, 코라면 알레르기성 비염, 피부라면 두드러기 또는 아토피성 피부염, 눈이라면 알레르기 결막염 등의 증상을 나타낸다. 과민반응이 형성된 신체 부위의 범위에 따라 한 가지 또는 여러 가지 증상이 동시에 나타날 수 있어 심한 경우에는 쇼크가 일어날 수도 있다.

알레르기 질환은 알레르기를 일으키는 원인 물질이 직접 기관

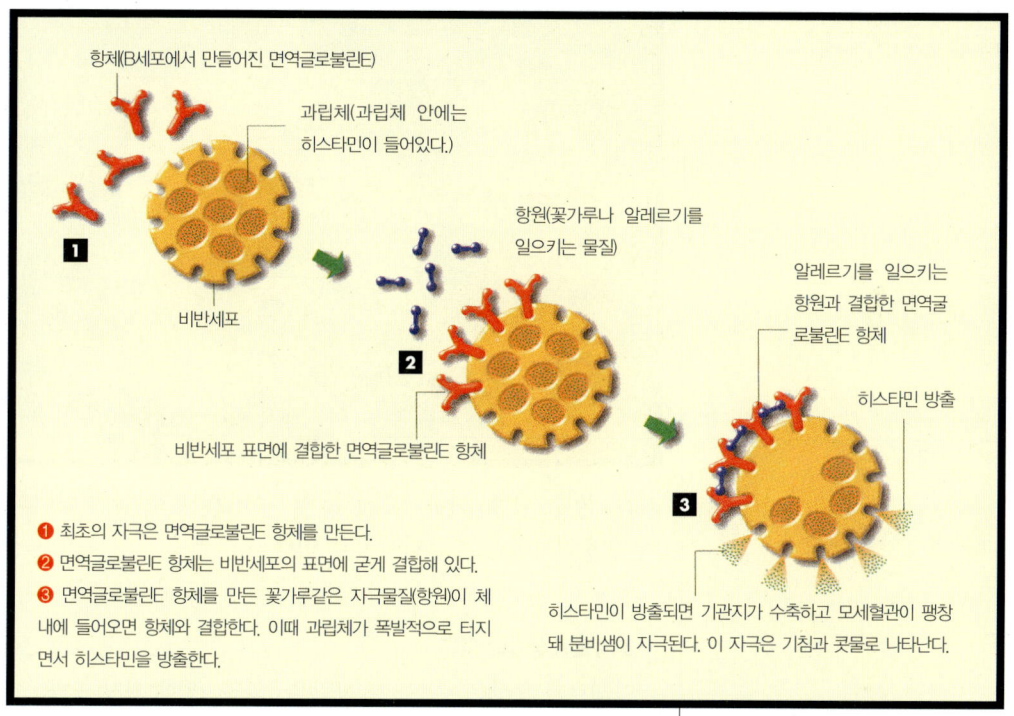

○ 알레르기 반응 메커니즘.

지 또는 코에 접촉해 염증을 발생시킬 수도 있고, 접촉하지 않은 부위에 증상을 유발시킬 수도 있다. 즉 알레르기 물질이 묻은 음식을 먹었을 때 음식이 닿은 위가 염증을 일으킬 수도 있고, 위와는 상관없는 기관지에 알레르기가 발생해 천식이 발생할 수도 있다는 것이다.

따라서 알레르기 질환은 증상이 나타나는 부위에 따라 천식, 비염, 두드러기, 습진 등으로 분류하기도 하고, 원인에 따라 꽃가루병, 집먼지 알레르기, 동물 알레르기, 식품 또는 약물 알레르기 등으로 분류하기도 한다.

이 외에도 한냉, 햇볕과 피부 자극(긁거나 눌림) 등의 물리적

○ 잡초 화분들은 대개 가을철에 알레르기를 일으킨다. 사진은 뚝새풀.

자극, 운동, 감염, 식품첨가제 등 무수히 많은 자극들이 알레르기 질환을 악화 또는 유발시킬 수 있다.

3·1절이 중요한 이유

알레르기 증상을 호소하는 사람은 4월과 9월에 가장 많다. 그러나 의사들은 3·1절과 광복절을 조심하라고 경고한다. 알레르기 질환은 치료도 중요하지만 예방이 더욱 중요하기 때문에 유행 1개월 전부터 조심해야 한다는 의미다. 그리고 이와 같이 특정 날짜를 강조하는 이유는 알레르기의 주요 원인이 되는 화분(꽃가루)이 특정 계절에 날리기 때문이다. 우리나라의 봄철에는 주로 나무 화분이, 그리고 가을철에는 잡초 화분이 골칫거리로 등장한다.

1996년 1년간 조사한 공중 화분에는 나무 화분, 목초 화분, 잡초 화분과 곰팡이류가 발견됐다. 나무 화분에는 오리나무, 소나무, 자작나무, 삼나무, 버드나무, 개암나무, 노간주나무, 참나무,

○ 독보리풀

단풍나무, 은행나무, 느릅나무, 뽕나무 화분이 있었다.

　이런 나무 화분들은 2월 20일경에 나타나기 시작해 7월 7일까지 관찰됐으며 5월 6일부터 22일까지 절정을 이뤘다. 2월 하순부터 3월에는 오리나무와 자작나무가, 4월에는 참나무와 소나무가, 그리고 5월에는 소나무와 양버들 화분들이 가장 많이 관찰됐다.

　잔디를 비롯한 목초류의 화분은 4월 하순부터 11월까지 발견됐으나, 5월 중순에 가장 많이 채집됐다. 쑥, 명아주, 비름, 환삼덩굴, 토끼풀, 질경이, 기린초 등의 잡초 화분은 7월부터 겨우내 관찰되지만 9월 중순부터 10월 초순에 가장 많이 채집됐다.

　이러한 꽃가루들에 알레르기가 있다는 것을 알고 나면 알레르기 증상을 최소화할 수 있는 방법이 있다. 꽃가루가 날리기 2~4주 전에 각 알레르기에 해당하는 예방 약물을 먹거나 코에 흡입함으로써 증상이 나타나지 않도록 하면 된다. 이러한 예방 치료법은 매우 중요하다. 왜냐하면 알레르기 질환은 만성염증을 유

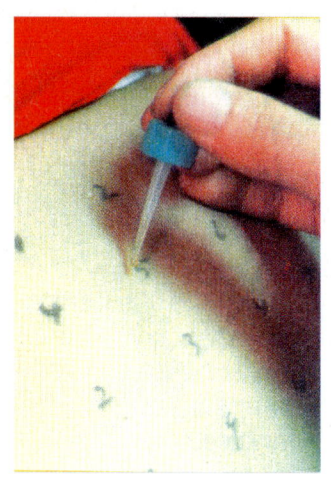

🔴 피부반응검사. 각종 알레르기 원인 물질을 등이나 손목에 주입시켜 부풀어 오르면 알레르기가 있는 것으로 판단한다.

도해 점차 상황을 악화시키기 때문이다.

화분은 지름이 30㎛ 내외로 작기 때문에 육안으로 파악되지 않는다. 흔히 가로수로부터 날리는 솜뭉치 같은 부유물이 알레르기를 일으키는 화분이라고 알고 있는데 이는 잘못된 것이다.

화분의 크기는 눈에 보이지 않을 정도로 작지만 기관지에 유입되기에는 큰 입자다. 따라서 대부분의 화분은 코에서 걸리므로, 알레르기는 주로 재채기, 콧물, 코막힘을 동반한 비염 형태로 일어난다. 특히 낮에 비해 기온 차이가 심한 아침에 재채기가 나오고, 눈 가려움증도 동반된다. 화분이 미세한 조직으로 이뤄진 기관지까지 도달하기는 쉽지 않지만, 간접적인 천식 유발 원인은 될 수 있다. 흔치 않지만 가을보다는 봄에 천식환자의 수가 증가한다.

왕도는 없지만

콧물, 재채기, 기침, 쌕쌕대는 숨소리, 두드러기 등의 증상이 계속 반복해 나타나면 우선 알레르기를 의심해 보고 검사를 받아볼 필요가 있다.

알레르기 검사에는 원인물질을 기억해 반응을 일으키는 면역 글로불린E 항체를 증명하는 검사와 신체의 과민성을 증명하는 검사가 있다. 면역글로불린E를 증명하는 방법에는 혈액검사 등 여러 가지가 개발돼있지만, 피부반응 검사가 가장 널리 이용되고 있다.

신체 조직의 과민성 검사는 약물 또는 원인물질을 직접 접촉시켜 증상을 유발시키는 검사다. 그러나 알레르기 질환은 발생과정부터 매우 복잡하고 다양한 현상들이 관련돼있기 때문에 이러한 검사들만으로 확진을 내리기는 어렵다. 따라서 치료를 하면서 반응하는 정도를 판단하는 것이 진단에 도움이 된다.

치료 방법으로는 알레르기의 원인을 피하는 것이 가장 근본적이지만, 공중에 날아다니는 꽃가루를 피한다는 것은 거의 불가능하고, 집안의 집먼지진드기도 완전히 제거하기란 쉽지 않기 때문에 항알레르기 약물치료나 면역주사요법을 실시하는 경우가 많다. 약물치료는 증상을 가라앉히는 증상치료와 증상이 재발되지 않도록 하는 약물예방치료가 있다. 면역치료는 소량의 원인물질을 피부 내에 반복 주사해 알레르기반응을 억제하도록 하는 방법이다.

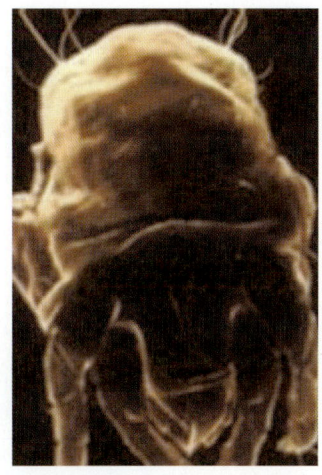
○ 집먼지 진드기

이러한 방법 중 한 가지만이 절대적인 것은 아니기 때문에 원인 물질로부터 환자를 보호할 수 있는 환경개선이 우선적으로 필요하다. 그 후 환자의 상태에 따라서 약물치료의 범위와 면역치료를 추가할 수 있다. 그러나 면역주사 방법은 부작용이 많아 근래에는 널리 사용하고 있지 않다.

알레르기란 원인물질에 의해 신체의 일부에 만성적인 염증이 발생해 이로 인한 과민성이 형성돼 나타나는 질환이다. 그때그때 증상을 치료하는 것도 중요하지만, 염증을 장기간에 걸쳐 없애는 것이 더욱 필요하다. 따라서 환경을 꾸준히 개선하고 장기적으로 관리하는 것이 무엇보다도 중요하다.

담배

기호품인가, 마약인가?

plant

1996년 8월 말 미국 클린턴 대통령은 '담배는 마약'이라고 선언했다. '미국 대통령 말씀'이라는 무게가 실려 상당수 흡연자들의 주목을 끈 이 발언은 1995년 8월 미국 연방식품의약국(FDA)이 니코틴을 규제 대상이 될 수 있는 '중독성 마약'으로 규정한 보고서를 토대로 이뤄진 것이다.

'인류 최고의 기호품'과 '마약' 사이를 오가고 있는 담배. 도대체 담배란 어떤 물건이기에 이 같은 갑론을박이 끊이지 않고 있는 것일까.

담배는 어떤 식물인가

담배는 남미 안데스산맥과 서인도제도, 멕시코 인근의 고산지대가 원산인 가지과의 여러해살이풀이다. 이 풀은 열대지방에 심어두면 여러해살이가 되지만, 우리나라 같은 온대지방에서 심으면 모두 한해살이가 된다. 담배에는 각 지역에서 자생하는 재래종을 비롯해 약 50여 종의 담배속(屬)이 있다. 이 가운데 흡연용 담배 제조에 사용되는 것은 니코티아나 타바쿰(Nicotiana tabacum)과 니코티아나 루스티카(Nicotiana rustica) 두 종류다.

이들은 1.2~2m까지 자라며 잎과 줄기에는 약간의 끈기를 가진 섬모(纖毛)가 붙어있다. 잎 하나의 길이는 대략 50cm로 끝이 뾰족한 타원형이다. 환경 적응력이 강해 전세계적으로 적도지방에서부터 중국 흑룡강성에 이르는 광범위한 지역에서 재배되고 있다. 주산국으로는 우리나라를 비롯해 중국, 미국, 인도, 브라질, 러시아, 터키, 일본 등이 꼽힌다.

농산물이 제대로 자라기 위해서는 햇빛과 강우량, 그리고 토질이 좋아야 하는데, 이 부분에서 미국은 일단 절대 우위를 차지하고 있어, 완성된 담배의 품질을 좌우하는 잎담배의 품질은 미국산이 가장 좋다.

미국에서는 수익성 있는 땅에서 농사를 짓는 이른바 '선택적 농업'을 구사하고 있어 토양의 비옥도가 우리와 비교할 바가 아니다. 담배 재배가 성한 노스캐롤라이나 주나 캔터키 주 같은 곳은 비교적 우리와 기후 조건이 비슷하지만, 담배 건조에 들어가는 7~8월의 강우량이 적어 담배 농사에 적격이다.

담배는 세포가 크고 기관별 분화가 잘 이뤄져있으며, 재생력이 왕성하기 때문에 병충해나 교배, 영양생리 등 식물학 연구나

◐ 잎담배는 한 줄기에서 난 것이라도 뻗어나온 위치에 따라 모양과 품질이 다르다. 왼쪽부터 하엽, 중엽, 본엽, 상엽.
◐ 담배의 꽃(맨 위의 분홍색)은 6월 중순에 핀다. 담배 재배농가는 이맘 때부터 잎의 성장을 위해 꽃을 따는 '순지르기'를 한다.

유전공학의 형질전환(유전자 조작)에 자주 이용된다. 지난 90년 서울대 홍주봉 박사가 담배잎에서 인슐린을 뽑아낸 일은 일반인들에게도 알려진 대표적인 예다. 홍박사는 당시 사람의 인슐린 유전자를 토양미생물인 아그로박테리아에 먼저 이식한 뒤 이 미생물을 일부러 상처낸 담배잎에 옮기고, 이 미생물의 유전자 일부가 담배의 엽록체로 이동하도록 함으로써 담배잎 1백g에서 25mg의 인슐린을 뽑아냈다.

담배는 어떻게 재배·수확하는가

우리나라 담배농가에서는 2월 하순경 담배 씨를 뿌려 싹이 나오는 3월 말 육묘를 한다. 원래 담배는 발아와 초기 생육을 위해서 25~28℃의 온도가 유지돼야 하기 때문에 이 시기까지는 비닐하우스에서 보낸다. 이것이 4월 상·중순경이면 밭으로 옮겨져 자연상태에서 성장한다.

6월 중순경이 되면 담배의 맨 위에 분홍색 꽃이 피기 시작하는데, 이 시기 농가에서는 '순지르기'라 해서 꽃을 잘라주는 작업에 들어간다. 이는 담배가 일반작물과 달리 열매가 아닌 잎을 얻고자 하는 식물이기 때문에 꽃에 영양분이 집중되는 것을 막아 잎을 집중적으로 성숙시키기 위한 것이다. 순지르기가 끝나고 1주일 뒤부터면 맨 아래부터 서서히 수확에 들어간다. 이때부터 7월 하순까지 1년에 4~6번 잎을 딸 수 있다.

잎은 일반적으로 한 줄기에 약 20장이 붙으며, 그 위치에 따라 밑에서부터 하엽, 중엽, 본엽, 상엽으로 구분된다. 일반적으로 중·본엽을 상품(上品)으로 치는데, 위로 올라갈수록 니코틴 함량이 높아져 독하다.

국내에서 주로 재배되는 잎담배의 품종으로는 주로 맛을 내는 용도로 사용되는 황색종과 연소성을 증가시키는 용도로 사용되는 벌리종(burley) 두 가지가 있는데, 이들은 건조 방법도 서로 다르다. 수확된 담배잎은 부위별로 골라 묶은 다음 불로 말리거나(황색종), 그늘에 걸어둠으로써 18% 정도까지 건조시킨 뒤 10월 담배인삼공사의 수매를 통해 본격적인 담배 제조공정으로 들어간다.

일단 잎담배 원료공장에서는 담배잎을 같은 등급끼리 묶어 줄거리를 제거한다. 그리고 농가에서 18% 정도 말린 것을 13%까지 더 건조시킨 다음 커다란 통에 2백kg씩을 한 묶음으로 넣어 압착한 상태에서 2년간 저장한다. 이를 후숙(後熟) 과정이라 하는데, 이 기간 동안 담배 자체에 함유된 당분 성분이 발효되면서 생담배잎의 독한 성분이 빠져나간다.

○ 담배에 첨가되는 인공향료들. 제조사마다 비밀에 부치고 있다.

담배 맛이 제품마다 다른 이유

공장에서는 여러 품종의 각 부분을 섞고, 또 향을 첨가해 담배를 제조한다. 이렇게 1차적으로 제조된 담배에는, 일정한 습기를 머금도록 하기 위해 보습효과가 좋은 글리세린을 넣고, 설탕이나 감초추출물 등을 넣어 맛을 낸다. 그리고 박하와 같은 천연향료나 세계 향료생산자협회가 인정한 '불에 태워도 안전한 화학물질'을 첨가해 향을 낸다.

담배 회사마다, 또 제품마다 모두 담배 맛이 다른 이유는 바로 영업비밀로 감춰진 이 과정이 다르기 때문이다. 이에 따라 현재까지 어떤 첨가물이 인체에 어떤 영향을 얼마나 미치는지에 대해서는 측정된 바가 없다.

사실 니코틴이나 타르 등 이미 알려진 담배 자체의 유해물질보다는 첨가물을 둘러싼 논쟁이 더욱 치열한 편이다. 작년에는 미국의 담배회사들이 체내에 니코틴 흡수가 빨리 이뤄지도록 하기 위해 향료에 디암모늄포스페이트(DAP)란 물질을 섞은 것으로 밝혀져 전세계적으로 한바탕 소동이 일어난 적이 있다.

미국에서는 법적으로 첨가물을 비롯한 담배 성분의 공개를 의무화하는 법안을 통과시키려 하고 있지만, 담배업계의 저항이 워낙 강해 아직 결실을 보지 못하고 있다.

유해물질 삼총사

담배에는 3천8백 가지 이상의 화학물질이 포함된 것으로 알려져있다. 석유가 1천7백 종류의 성분으로 이루어진 것과 비교해 볼 때 결코 단순하지 않음을 알 수 있다. 문제는 그 3천8백 가지의 성분 안에 타르와 일산화탄소, 그리고 니코틴 등과 같은 유해물질이 포함돼있기 때문에 일어난다.

담배 잎사귀에 들어 있는 식물염기(알카로이드)인 니코틴은 원래 무색의 액체지만 산소와 결합하면 갈색으로 변하며 생리적 의존성을 불러일으키는 물질이다. 니코틴은 폐뿐만 아니라 피부로도 흡수되기 때문에 평소 담배를 피지 않는 사람은 담배잎을 따다가 일시적인 중독증상을 일으키기도 한다.

흡연을 통해 체내에 들어간 니코틴은 대뇌 신경조직에 영향을 미침으로써 부신피질호르몬의 분비를 촉진시켜 혈관을 수축시키고 심장 박동을 상승시키는 등 다양한 반응을 일으킨다. 담배를 처음 피운 사람에게서 나타나는 어지럼증, 구토, 설사 등의 증세 역시 니코틴의 작용이다.

니코틴이 뇌에 작용하는 메커니즘이 밝혀진 것은 비교적 최근이다. 과학잡지 '사이언스'에 발표된 한 논문에는 니코틴이 대뇌의 변연계에 자극을 줘 중독을 일으킨다는 연구결과가 나왔다. 변연계는 특정한 자극을 기억해 이것이 좋은 것이라면 계속 그

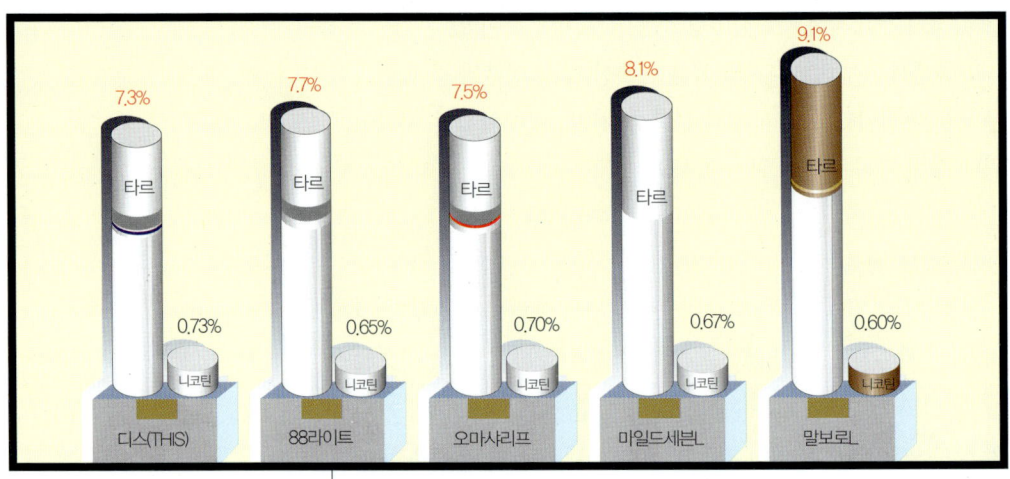

○ 니코틴·타르 함량 비교

자극을 요구해 인간의 생존능력을 강화시켜주는 부분이다.

변연계에 니코틴이 작용함으로써 사람의 주의력과 경계력을 높이고, 단기간 기억력을 증진시키는 작용을 함으로써 기억을 남기며, 니코틴이 신경세포를 자극할 수 있는 것은 인체 내에서 자연적으로 생성되는 신경화학물질인 아세틸콜린에와 같은 화학구조를 갖고 있기 때문이라는 것이 논문의 요지다.

미국에서 발간되는 메디컬 트리뷴뉴스는 지금까지 세계 의학계에 보고된 논문을 바탕으로 담배가 인체에 미치는 나쁜 영향 10가지를 발표한 바 있는데, 갑상선 기능 장애, 불면증, 잔주름, 유방암, 심장마비, 당뇨병, 뇌졸중 등을 열거한 가운데, 가장 먼저 폐암 유발을 지적했다.

담배의 성분 중 폐암을 유발하는 주범은 타르다. 사람의 폐에는 외부에서 유입된 해로운 물질을 모으는 섬모조직(cilia)이 퍼져 있다. 섬모는 유해물질이 어느 정도 모이면 기침 등을 통해 외부로 배출시킴으로써 폐기능을 유지한다. 이때 우리가 흔히

'담배진'이라 부르는 타르는 섬모를 마비시키는 작용을 함으로써 폐에 직접적인 영향을 미친다. 복합화합물인 타르에서는 또 지금까지 20종 이상의 발암물질이 발견되기도 했다.

그러나, 담배 한 개비 속에서 니코틴과 타르가 차지하는 비율은 8%에 불과하고, 나머지는 여러 종류의 가스임을 생각해본다면 일산화탄소의 유해성도 만만치 않다. 일산화탄소는 폐에 흡입되면 인체에 산소를 공급하는 적혈구와의 친화력이 산소보다 3백배나 높다. 그 결과 인체에 산소를 원활하게 공급하는 헤모글로빈의 역할을 저해해 신경조직을 압박한다.

필터의 과학

담배의 유해성을 지적하는 연구가 잇따르면서 가장 많은 발전을 이룬 부분은 필터다. 그동안 타르와 니코틴의 함량이 낮은 담배를 선호하는 경향에 따라 배합비율을 조절하고, 니코틴 함량이 낮은 잎담배를 유전학적으로 개발하는 노력이 계속돼왔다. 이와 함께 제조공법 자체도 적지 않게 변했다. 그 중 필터는 담배의 원래 맛을 최대한 유지하면서 유해물질의 체내 유입을 낮추는 효율적 방법으로 관심을 모아왔다. 흡입되는 모든 담배연기는 필터를 통과하기 때문이다.

1850년대 크림전쟁 당시 종이에 담배잎을 싸서 피우는 궐련이 등장한 이래 한동안 담배의 모습은 양쪽 끝이 모두 노출된 '양절(兩切)담배'였다. 담배에 지금과 같은 형태의 필터가 사용된 것은 1931년 벤슨과 헤지스사의 '팔리아멘트'가 처음이다. 그러나 이 당시의 필터는 요즘처럼 담배의 유해성분을 제거하기 위한 용도보다는 담배잎이 침에 묻어나오는 것을 방지하기 위한 용도

식물, 그린의 마술사

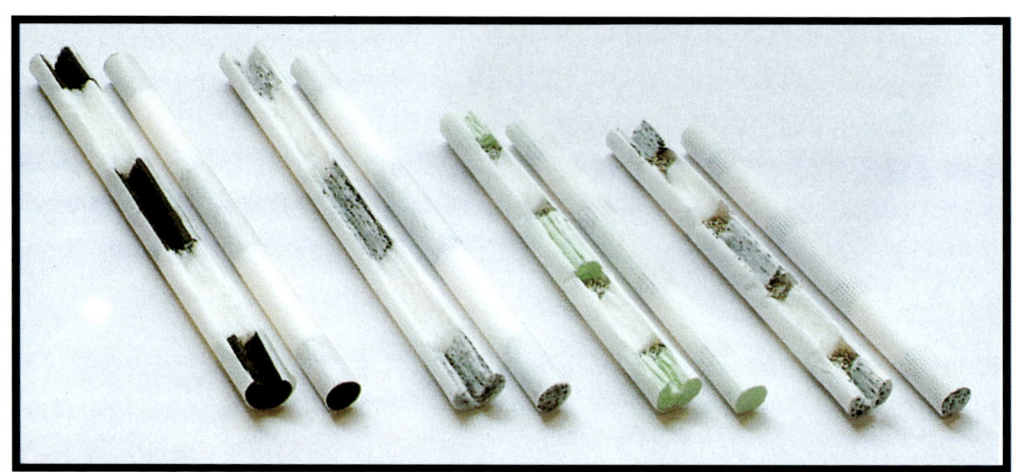

🟠 다양한 필터의 종류. 최근 사용되는 대부분의 필터는 셀룰로오스 아세테이트를 기본으로 하여 여기에 활성탄 등을 배치시키고 있다.

🟠 삼중필터의 구조. 여러 재질로 이뤄진 필터는 한 가지로 만든 필터에 비해 유해물질을 걸러내는 능력이 뛰어나다.

종이
활성탄
셀룰로오스 아세테이트

로 사용됐다.

그동안 필터의 재질로는 양모나 솜, 레이온 등의 섬유와 종이가 사용돼왔다. 최근에는 셀룰로오스 아세테이트와 종이로 만든 필터가 주를 이루고 있는데, 여기에 제올라이트나 활성탄 등 유해가스 제거에 효과가 있는 첨가물을 넣기도 한다. 특히 첨가물에 가장 많이 사용되고 있는 활성탄은 코코넛 껍질을 원료로 한다. 습기를 머금어도 흡착력이 떨어지지 않는 이점을 가지고 있기 때문이다.

인조비단의 재질이기도 한 셀룰로오스 아세테이트는 펄프에 초산과 황산을 첨가해 만드는 물질이다. 이를 재료로 한 필터는 지름 약 30~90μm의 섬유 가닥을 모아 만들며, 이때 각 섬유의 간격은 약 1백μm 정도다.

이 필터 사이로 담배 연기가 브라운 운동을 통해 여과되면 기체로 빠져나가지 못한 0.1~1μm 크기의 니코틴, 타르, 미세

수분 등의 입자상 분자(TPM : Total Particulate Matter)는 서로 불규칙하게 충돌을 일으키며 필터에 달라붙는다. 아세테이트 필터는 전체 입자상의 45~50%를 걸러내며, 담배에 포함된 페놀 혼합물의 80~90%를 녹여버린다.

종이필터는 셀룰로오스 아세테이트보다 더 많은 입자를 걸러내긴 하지만, 포장된 상태에서 담배에 함유된 수분을 필요 이상으로 흡수해버림으로써 담배 맛을 변형시킨다. 또 페놀을 걸러내는 능력이 아세테이트 필터에 비해 떨어진다는 단점이 있다.

한편 필터와 궐련을 연결하는 종이에는 눈에 잘 띄지 않게 레이저로 뚫은 구멍이 2~4줄로 나 있다. 담배의 외관을 형성하는 종이가 공기를 투과시키긴 하지만, 필터에 이 같은 구멍을 내면 담배 연기에 외부 공기가 섞여 희석됨으로써 흡입되는 담배 연기의 독한 맛을 줄여준다.

담배는 환경오염에 어떤 영향을 미치나

제조공정에서부터 사용 후까지 "어떡하면 환경을 해치지 않는가" 하는 것은 근래의 모든 산업이 안고 있는 최대의 과제다. 담배 역시 예외가 아니다.

담배 한 갑을 만드는 데 사용된 모든 물질은 모두 환경과 밀접한 연관을 맺고 있다. 이는 흡연이 한 공간의 대기상태에 어떤 영향을 미치는지를 따지는 것과는 다른 차원의 얘기다. 문제는 각 구성 성분이 얼마나 환경친화적인가 하는 것이다.

제일 먼저 따져볼 것은 이들이 자연상태에서 분해되는 정도다. 이 부분에서 궐련은 흡연과 함께 재로 변해 모두 분해되기 때문에 일단 '무죄'다. 그러나 궐련을 싸고 있는 종이가 펄프로 만들어지며, 그 원료인 나무를 잘라 산림을 훼손한다는 것을 고려하면 문제가 없진 않다.

  필터의 경우는 원래 알려진 것과는 사정이 크게 다르다. 환경운동단체 등에서는 필터가 완전히 분해되는 데 50년이 걸린다는 주장을 제기하고 있으나, 연구결과에 따르면 분해작용이 전혀 이뤄지지 않는 석유 계수지와는 달리, 펄프를 원료로 제조된 아세테이트 필터는 일단 90일이 지나면 썩기 시작하는 것으로 나타났다.

  제일 문제가 되는 것은 담배갑, 담배갑 안에 들어있는 은박지, 그리고 폴리프로필렌으로 만든 갑포장지다. 이들은 모두 외관을 예쁘게 보이도록 해 상품성을 높일 뿐만 아니라, 외부로부터 들어오는 공기를 막고, 밖으로 향기가 발산되는 것을 막는다. 또 담배가 원래 맛을 내도록 하는 데 결정적인 요인인 수분 함유량(12~13%의 수분이 유지돼야 제 맛을 낸다)을 유지시키는 것도 이들의 역할이다.

  그러나 종이 이외에 은박지의 알루미늄이나 폴리프로필렌 갑포장지는 자연상태에서 전혀 분해되지 않는다. 이 때문에 독일에서는 두께가 16㎛ 이하의 제품만 사용할 것을 법제화하기도 했다. 현재 대부분의 갑포장지 두께는 20~23㎛. 두께를 줄여 그만큼 원료를 덜 쓰게 한다는 취지다.

흰 꽃송이 반쪽만 물들이기

탐구마당
사이언스 어드벤처

준비물 : 컵 두 개, 식용색소(또는 물감), 흰색 꽃(장미, 카네이션, 국화 등), 예리한 칼, 접착 테이프

이렇게 해보자!

1. 두 컵에 물을 채우고 한 컵에만 식용색소를 넣어 잘 저어준다. 꽃 줄기를 밑에서부터 중간까지 반으로 가르고 줄기가 더 이상 갈라지는 것을 막기 위해 가른 부분 끝을 접착 테이프로 빨리 감아준다.
2. 준비해 둔 두 컵에 줄기의 한 쪽씩을 담그고, 창가 같은 곳에 기대어둔다.

실험결과 : 몇 시간이 지나면 꽃잎의 반만 물들기 시작한다. 줄기를 타고 올라간 물이 꽃잎에서 증발할 때 색소는 남게 되니까 색소가 올라간 쪽은 물들게 된다.

왜 그럴까?

식물은 뿌리로부터 물을 빨아들여 줄기를 통해 잎으로 보내는데, 이 물의 대부분은 잎에 있는 기공을 통해 증발한다. 이때 물은 꽃의 줄기를 타고 올라가면서 색소와 같은 다른 물질들 또한 운반할 수 있다. 올라간 물은 꽃잎으로부터 증발하지만 색소는 남게 되므로 꽃잎이 물들게 된다. 이 실험을 통해 알 수 있는 또 하나의 사실은 물이 통로를 통해 이동한다는 것이다. 이 통로를 물관이라고 한다.

서바이벌 퀴즈

Survival Quiz

- 장미꽃에 파란색이 없는 이유는 무엇일까?
- 녹색혁명이 가져오는 환경문제는 무엇인가?
- 식물 게놈프로젝트에 많은 연구비를 투자하는 이유는 무엇일까?
- 유전자 조작 식품은 안전할까?

3 식물을 만드는 기술

슈퍼옥수수와 인공씨감자 이야기,
파란색 장미 이야기,
그리고 애기장대를 시작으로
식물의 유전자와 그 기능을
알아내려는 식물 게놈프로젝트
과정을 알아보자.
또한 식물 게놈프로젝트가 가져올
긍정적인 효과와 부정적인 효과는?

1 슈퍼옥수수와 씨감자
식량 문제를 해결한다

2 파란 장미가 생긴다
유전자조작으로 이룬 꿈

3 애기장대 프로젝트
식물게놈연구의 출발점

4 유전자 조작식품
식물게놈연구의 이면

식물, 그린의 마술사

슈퍼옥수수와 씨감자

식량 문제를 해결한다

plant

식물은 인류의 중요한 식량자원이다. 먹지 않고 살 수 있는 사람은 없기 때문이다. 예전에도 그랬지만 인구가 크게 늘어나고 있는 오늘날, 식량자원으로서 식물은 더욱 중요한 자리를 차지하게 됐다. 벼나 밀 외의 중요한 식량자원으로는 옥수수와 감자가 있다. 보다 많은 수확을 거둘 수 있는 옥수수와 감자를 얻기 위해 어떤 노력이 이뤄지고 있는지 알아보자.

슈퍼옥수수 개발 성공적으로 진행

남북한이 교류할 때 남한이 일방적으로 북한을 도와줘야 한다

제1부 슈퍼옥수수와 씨감자 | **식물을 만드는 기술** | 97

🔴 북한에 보급할 작물을 시험재배하는 석정리농장. 슈퍼옥수수의 후보들이 자라고 있다.
🔴 북한이 개발한 우량감자인 함육1호.

는 생각은 금물이다. 특히 북한의 농업과학기술은 외부에 드러나지 않았을 뿐 상당한 수준이라고 한다. 교류를 통해 서로가 유익한 정보를 얻고 양측의 과학기술을 더욱 발전시킬 수 있는 길을 모색해야 한다.

특히 농업과학기술 분야에서는 경북대 김순권 박사의 슈퍼옥수수와 생명과학연구소 정혁 박사팀이 개발한 인공씨감자는 이미 정상회담 이전부터 협력사업으로 주목을 받아왔다. 김순권 박사의 슈퍼옥수수 개발 보급 계획은 1998년부터 시작돼 이미 3회의 시험파종이 이뤄졌고, 머지않아 북한의 풍토에 맞는 슈퍼옥수수가 개발, 보급될 전망이다. 그동안 지속적으로 북한 농업과학기술자들과 교류를 확대해온 김순권 박사는 빠른 시일 내에 슈퍼옥수수 개발을 완료한다는 계획이다. 2001년 말 현재 슈퍼옥수수 시험종인 수원19호의 북한 적응시험이 성공적으로 진행되고 있다.

국제옥수수재단(이사장 김순권)에 따르면, 김순권 박사는 3천

식물, 그린의 마술사

● 콩알만한 인공씨감자. 보통 감자의 크기와 비교된다.

종의 옥수수 씨앗을 북한에 파종해 시험재배하고 있다고 한다. 또한 우리나라에서 1960년대 후반에 개발된 수원19호도 9천5백여 톤이나 북한으로 보내 약 5천ha에 파종했다고 한다. 시험용 옥수수 파종까지 합하면, 약 1만ha에 김순권 박사를 통해 북한에 보급된 옥수수가 심어지고 있는 것이다.

북한도 농업과학원에서 개발한 화성1호와 은산7호를 남한의 수원19호와 함께 심어 수확량을 비교하고 교배를 시도하는 등, 옥수수에서만은 이미 남북이 밀접하게 협력하고 있다. 그 결과 1998년 3월부터 2001년 3월까지 3년간 계획된 슈퍼옥수수 개발 사업에서 이미 약 50여종의 우량종을 선별했고, 그 중 5~6종은 지금 당장 슈퍼옥수수라고 말해도 손색이 없을 만큼 우량한 종으로 판명되고 있다.

옥수수는 북한의 주요 곡물로 농업과학원의 약 2백50명 연구원들이 매달리고 있을 정도다. 이들 중 석사급 이상의 우수 연구자들도 상당수 있어 남북한이 농업분야의 과학기술 교류로 얻게 될 성과에 적지 않은 기대를 갖게 한다.

인공씨감자로 수확량 2배 늘려

한편 KAIST 정혁 박사팀이 1989년 세계 최초로 개발한 인공씨감자도 북한에 심어지고 있다. 인공씨감자는 조직배양을 통해 병충해에 강한 유전자를 가진 감자를 콩알만한 크기의 씨감자로 만든 것이다. 한 개의 씨감자를 심으면 약 20개의 새로운 감자를 얻을 수 있는데, 이 감자 또한 병충해에 강하고 순도가 높아 다시 이것을 씨감자로 써서 식용의 일반 감자를 생산할 수 있다.

감자의 국제적인 평균수확량은 1ha당 25톤 정도다. 그러나 북한은 12톤 수준으로, 국제 수준의 절반에도 못 미치는 상황이다. 정 박사팀이 개발한 인공씨감자는 감자의 재배조건이 좋지 않은 남한의 남부지방에서도 1ha당 20톤 정도를 수확할 수 있다. 북한에서 인공씨감자를 통해 1ha당 20톤 정도만 수확하더라도 지금보다 약 두 배의 증산효과를 내는 것이므로 식량난 극복은 어렵지 않다.

정 박사팀은 여러 경로를 통해 북한에 씨감자를 공급해왔다. 지금까지 약 5백만 주 정도가 북한으로 들어갔는데, 만일 북한에서 씨감자를 잘 심어 가꿨다면 북한은 약 1억 개의 우량씨감자를 보유하고 있는 셈이다.

○ 시험재배로 열매를 맺은 옥수수.

그러나 아쉽게도 정 박사팀은 그동안 인공씨감자 시험재배에 관한 자료를 전혀 받아보지 못하고 있다. 정 박사는 "병에 안 걸리는 순도가 높은 종자여서 체계만 잘 갖추면 북한의 식량난은 단숨에 극복할 수 있다"고 자신하면서도 어떤 이유에서인지 교류가 계속되지 못하는 것을 안타까워하고 있다.

다행히 북한의 김정일 국방위원장은 "감자를 통해서 공화국의 식량난을 해결하겠다"고 공언할 정도로 감자에 관심이 크고, 이번 정상회담을 고비로 조성될 화해와 협력이 본격화되면 인공씨감자 기술을 통한 남북한의 교류도 활성화될 전망이다.

서로가 이익 보는 교류협력

슈퍼옥수수나 인공씨감자 기술을 중심으로 보면 북한의 농업기술이 형편없고, 우리가 뭔가를 가르쳐줘야 한다는 생각이 앞설 수 있다. 그러나 북한을 다녀온 전문가들은 특히 농업과학기술분야에서는 이것이 어불성설이라고 강조한다. 예를 들어 옥수수 화성1호와 은산7호는 남한의 품종에 비해 결코 수준이 떨어지지 않는다는 평가다. 어느 분야에서나 마찬가지지만, 특히 농업과학기술분야에서는 북한과의 교류를 통해 우리가 배우고 이익을 보는 점도 많다는 것이다.

◉ 옥수수를 통해 새로운 차원의 남북교류의 장을 열어가는 김순권 박사.

북한은 아직 공업국이라기보다는 농업국이라고 할 수 있다. 때문에 농업기술분야에서 상당한 수준의 연구가 축적돼있다고 한다. 다만 전력문제, 홍수나 가뭄 통제문제, 비료문제 등 여러 가지 사회적인 여건의 미비로 식량난 해결의 실마리가 잘 잡히지 않는 것뿐이다.

다음의 일화는 이런 점에서 시사하는 바가 크다. 1999년, 북한에서 해일 피해를 입어 염분이 생긴 농토가 있었다. 이에 북한을 방문한 김순권 박사가 간척지에서 염분을 빼내는 일을 잘하는 남한의 과학자들을 소개해줄 수 있다고 제안했다. 하지만 북한의 과학자들은 "그럴 필요 없다"고 잘라 말했다고 한다. 북한도 농업과학기술분야는 자신들이 독자적으로 이룩한 상당한 기술이 있다고 자부하고 있는 것이다. 지금까지 막연히 북한을 도와야 한다는 시혜적인 차원에서 접근하던 남북한 과학기술 교류가 이제는 서로의 장점을 공유하는 실질적인 교류로 나아가야 함을 일깨워주는 일화다.

식물, 그린의 마술사

파란 장미가 생긴다

유전자조작으로 이룬 꿈

식량 분야뿐 아니라 원예 분야에서도 식물의 품종 개량이 추진되고 있다. 질병에 강하고 잘 자라며 아름다운 자태를 지니는 정원수를 개발하거나 진귀한 색과 모습을 지닌 꽃을 개발하는 것이다. 품종 개량을 통해 많은 꽃들이 여러 색으로 탈바꿈됐지만, 파란색 장미만은 만들 수 없다는 것이 그간의 정설이었다. 그러나 무더운 여름에 시원한 파란색 장미를 선물할 날이 멀지 않았다는 소식이 들리고 있다. 최근 과학자들이 블루진을 이용해 파란 장미를 만들고 있기 때문이다. 그동안 왜 파란 장미가 없었는지, 그리고 파란 장미는 어떻게 만드는지 알아보자.

파란 장미는 불가능?

장미는 재배 역사가 매우 긴 관상식물이다. 기원전 2000년경에 쓰인 고대 산스크리트어 기록에는 장미꽃을 향료나 약용으로 사용하기 위해 증류했던 방법이 보인다. 고대 이집트에서도 장미 향수를 미라의 방부제로 썼다고 한다. 이를 보면 장미는 매우 오래전부터 인간의 사랑을 받아온 듯하다. 물론 지금도 장미에서 추출한 향수는 고급 화장수로 여성들에게 많은 인기를 누리고 있다.

장미 원종의 색깔은 흰색과 붉은색이었다. 그런데 오늘날 필요에 따라 노랑, 주황, 분홍 등으로 다양하게 개량됐다. 그런데 5천 년 이상의 역사를 거쳐 오면서도 유독 파란색 장미만 만들어내지 못하고 있다. 그 까닭은 무엇일까.

풋고추가 빨간 고추로 바뀌는 이유

파란색 장미꽃이 없는 이유를 알려면 먼저 식물이 어떻게 색을 만들어내는지 이해해야 한다. 식물은 황색의 카로티노이드(carotinoids)와 붉은색의 안토시아닌(antocyanin)이 서로 어우러져 아름다운 색을 낸다.

식물체에서 엽록소를 빼면 황갈색으로 보이는데, 그것은 섬유질로 이뤄진 카로티노이드 색소만 남기 때문이다. 카로티노이드는 물에 분해되지 않는다. 따라서 녹색잎이 시들면 누런 색으로 변한다. 또 저항력이 커 동물의 소화기관을 통과해도 색이 바래지 않는다. 동물의 분비물이 황색을 띠는 이유도 이 때문이다.

붉은색과 파란색은 천연색소인 안토시아닌에 의해 결정된다. 안토시아닌은 연분홍색에서 빨강, 보라, 남색까지 다양한 색을

식물, 그린의 마술사

◐ 정열과 아름다움을 상징하는 장미는 5천 년 전이나 지금이나 여전히 인간의 사랑을 듬뿍 받고 있다.

만들어낸다. 안토시아닌의 붉은색과 녹색의 엽록소가 어우러지면 검붉은 보라색이 되는데, 녹색에서 붉은색으로 익어가는 풋고추는 이 과정을 잘 보여주는 예다.

안토시아닌은 카로티노이드와 달리 물에 녹는다. 시금치를 오래 삶으면 엽록소가 파괴돼 누렇게 변한다. 빨간 사과를 삶아도 누렇게 변한다. 액포 속의 안토시아닌 색소가 물에 녹아 섬유질의 카로티노이드 색소만 드러나기 때문이다.

카로티노이드와 안토시아닌말고도 무색의 플라보노이드액(flavonoides) 안에는 물에 잘 녹는 세 가지 색소가 들어 있다. 당분을 포함한 붉은색의 시아니딘(cyanidin), 짙은 홍색의 펠라고

르니딘(pelargonidin), 파란색의 델피니딘(delphinidin)이 바로 그것이다. 이들은 세포의 액포 속에 작은 알갱이로 섞여있다.

꽃의 색은 미세분자색소인 생체 플라보노이드들이 합성돼 나타난다. 파란 색소를 이루는 효소 중에는 플라보노이드 3(flavonoids 3)과 히드록시라제 5(hydroxylase 5)가 있는데, 장미는 아쉽게도 이러한 효소들을 아주 조금밖에 갖고 있지 않다. 그래서 파란색 색소인 델피니딘 합성이 불가능하다.

재래의 육종기술인 인공 꽃가루받이나 방사선을 이용한 돌연변이 방법으로는 특정 종의 유전인자를 바꿀 수 없었다. 이러한 제약 때문에 다양한 색깔의 꽃을 만들지 못했다. 또 하나의 중요한 원인은 델피니딘이 산도(pH) 6~7 정도의 액포 속에서만 생성된다는 사실이다. 하지만 장미의 액포 속 산도는 4.5~5.5 정도밖에 되지 않는다. 그래서 장미꽃에는 파란색이 없다. 대체로 산성 토양에서 자란 꽃은 붉은 빛을 띠고, 알칼리성 토양에서 자란 것은 파란색을 띠는 것도 바로 이런 이유 때문이다.

파란 장미의 비밀은 블루진

그동안 유전인자를 바꾸는 기술이 발전하기 전에는 색소를 탄 물감을 이용했다. 예를 들면 흰꽃을 피우는 장미, 국화, 카네이션 등을 잘라 색소를 탄 물에 꽂으면 그 색소를 빨아들여 새로운 색깔의 꽃이 된다. 이와 같은 방법으로 꽃색으로 물들이는 일은 현대 화훼산업에서도 자주 쓰인다. 하지만 생명공학자들의 관심은 유전인자 자체를 바꾸는 데 있다.

꽃에서 파란 색소를 구성하는 효소의 합성을 이끌어내는 유전인자를 청색 유전자, 즉 블루진(blue gene)이라고 한다. 생명공

식물, 그린의 마술사

학자들은 다른 종류의 파란 꽃에서 블루진을 분리시켜 장미 유전인자에 이식함으로써 파란색 유전자를 가진 효소를 배양해 내는 기술을 익혔다.

이 방법은 그동안 꿈으로만 여겨 왔던 파란색 장미를 실제로 길러낼 수 있는 길을 터놓았다. 이미 플라보노이드 내의 파란색 색소를 가진 효소를 몇몇 꽃에서 분리하는 데 성공하기도 했다. 이들 중 파란 장미를 만들어내기 위한 색소식물로는 페튜니아가 선택됐다.

식물 유전자를 이식하는 방법에는 두 가지가 있다. 첫 번째는 토양균을 매개체로 이용하는 방법이다. 청색 색소를 가진 토양균이 식물체에 침범하면 감염과 동시에 색소세포의 분열도 급속도로 함께 일어난다. 이때 숙주 식물체가 갖지 못한 색소세포도 함께 분열하게 된다. 이 다음 식물체에 이식된 토양균에서 종양을 일으키는 유전인자를 제거하고 필요한 토양균만을 선택하면 된다. 이 방법은 실패에서 오는 위험부담이 적어 식물체 전환에 널리 활용되고 있다.

두 번째 방법은 세포 속의 유전자 합성법이다. 페튜니아 세포 속의 플라스미드(plasmid)에서 청색 색소를 분리해 토양균에 옮겨 심고 증식한다. 플라스미드는 염색체와는 별도로 자체 증식할 수 있는 세포 내의 작은 유전자 조직이다.

같은 방법으로 장미 염색체를 토양균에 이식한 다음 증식시켜 이번에는 페튜니아의 청색 색소 유전인자 부분을 잘라내 장미 유전자와 합성한다. 합성한 색소 염색체는 토양균의 체내에서 자라게 되고 이 균을 장미의 뿌리에 이식시키면 장미는 파란색 꽃을 피운다.

○ 장미는 흑장미, 주홍장미, 핑크빛 장미, 노란 장미, 하얀 장미 등 색깔과 꽃의 크기에 따라 수많은 이름을 가지고 있다.

이런 방법으로 과학자들은 최근 페튜니아에서 청색 색소를 결정짓는 플라보노이드 유전인자를 뽑아내는 데 성공했다. 그리고 그것을 장미 유전자에 접합해 새로운 합성장미를 길러냈다. 그 결과 파란 장미는 곧 우리 앞에 그 모습을 드러낼 전망이다. 또한 오스트레일리아의 유전공학자문위원회(GMAC)에서도 1천2백 개에 이르는 새로운 유전인자를 지닌 파란 장미를 만들어낼 계획을 공개했다.

파란 장미는 현재 온실에서 실험재배 중이다. 파란 장미를 대량재배하기 위한 시험재배인 것이다. 이 기술이 성공한다면 장미뿐 아니라 인공적으로 유전형질을 변경한 새로운 식물체를 길러내는 데도 크게 기여할 것이다. 그러나 앞으로 우리 정원에서 파란색 장미를 꽃피우기까지는 조금 더 오랜 시간이 걸릴지도 모른다.

파란 카네이션은 이미 성공

유전자 조작에 의한 신품종 화훼산업은 빠르게 성장하고 있다. 미국에서는 1995년 이후 생명공학을 이용한 두 종류의 카네이션을 개발해 상품화했다. 카네이션은 청색 색소인 델피니딘 합성이 불가능한 식물이다.

그러나 두 가지 색소를 가진 유전자를 합성해 연한 자줏빛을 띤 파란색 카네이션을 만들어냈다. 플라보노이드와 붉은색 안토시아닌이 그것이다. 이들 색소 때문에 엽록소의 초록색과 어우러져 보랏빛을 띤 짙은 청색으로 보이는 것이다. 하지만 꽃의 파란색이란 보라색을 띤 청색일 뿐이다. 따라서 진정한 의미의 파란 꽃이란 없다고 할 수 있다.

새로운 문제는 유전자 변형 카네이션이 꽃을 잘라 꽃병에 꽂았을 때 오래 살 수 있느냐는 것이다. 수확한 카네이션은 신선도를 유지하기 위해 성장 촉진제라고 할 수 있는 호르몬 처리를 한다. 그런데 식물체의 줄기를 자르면 체내의 수분 부족으로 시들어 가면서 노화를 촉진시키는 에틸렌을 내뿜는다. 이 에틸렌 성분이 문제다.

그래서 새로운 카네이션은 성장 억제 물질을 지닌 유전인자를 집어넣어 성장을 억제시키고 있다. 결국 줄기를 자른 식물체는 에틸렌을 합성하지 않으므로 오래도록 신선도를 유지할 수 있게 되는 것이다.

카네이션과 마찬가지로 수명이 긴 새로운 장미도 연구되고 있다. 머지않아 우리는 며칠 아니 몇 개월 동안 시들지 않는 푸른 장미를 보게 될 것이다. 인간에게 처음으로 그 모습을 드러낼 푸른 장미가 우리에게 어떤 느낌을 줄지 자못 기대가 된다.

식물, 그린의 마술사

애기장대 프로젝트

식물게놈 연구의 출발점

plant

식물은 인류의 식량원인 동시에 청정한 환경을 지켜주는 파수꾼이다. 인간게놈프로젝트에 비해 널리 알려져있지는 못했지만, 1990년대 초반에 시작한 애기장대 게놈프로젝트가 지난 2000년 12월 14일, 드디어 그 결과를 드러냈다. 세계 곳곳에서 활발하게 진행되고 있는 다양한 식물게놈프로젝트를 만나보자.

녹색혁명의 종말

1999년은 우리 인류가 60억을 돌파한 기념비적인 해다. 1900년에 16억에 지나지 않았던 인류가 오늘날 60억에 도달할 수 있

○ 식물은 인류의 고민인 식량문제와 환경문제를 해결하는 단서를 제시한다.

게 된 것은 1960년대를 전후해 진행됐던 녹색혁명 덕분이라고 해도 과언이 아니다. 녹색혁명의 핵심은 농작물의 품종개량과 관개시설을 통한 농법의 개선, 그리고 비료와 농약의 개발이라 할 수 있다.

그런데 최근 농업전문가들의 분석에 따르면 세계 4대 작물인 쌀, 옥수수, 밀, 감자의 생산량 증가율이 현저히 둔화되고 있다고 한다. 지금 추세라면 2020년에는 세계인구를 충분히 먹여 살리지 못하는 상황에 이르게 될 것으로 예측된다. 20년 후에는 시쳇말로 녹색혁명의 약발이 더 이상 먹히지 않는 '녹색혁명의 종말'을 맞이하게 된다는 얘기다.

112 식물, 그린의 마술사

◑ 식물 최초로 게놈이 완전 해독된 애기장대의 근접사진

또한 녹색혁명의 이면에는 환경문제도 자리하고 있었다. 과도한 관개 및 농약의 사용이 물부족과 환경악화를 가져온 것이다. 이러한 식량 및 환경 문제를 해결할 수 있는 유일한 방안이 식물게놈프로젝트로 대표되는 농생명공학(agrobiotech)이다.

잡초를 선택한 이유

식물게놈프로젝트의 첫번째 대상으로 선정된 식물은 애기장대라는 십자화과 식물이다. 십자화과에 속하는 식물에는 애기장대 외에 배추와 무, 브로콜리, 그리고 유채꽃 등의 채소작물이 있다. 그런데 왜 하필 잡초라고 일컬어지는 애기장대를 선택했을까. 유용한 농작물을 대상으로 삼는 것이 응용에 도움이 되지 않았을까.

애기장대는 전형적인 쌍떡잎식물로 크기(폭 5cm, 키 20cm 정도)가 작아 좁은 공간에서 많은 수를 재배할 수 있다. 또 다량의 종자를 생산할 수 있고 재배가 쉬우며, 불과 한 달 반 정도의 기간 후에 다음 세대를 얻을 수 있다. 더구나 애기장대의 게놈(한 생물 종이 가진 유전정보의 총합)은 약 1억2천 염기쌍으로 구성돼있는데, 이는 배추의 3분의 1, 담배의 3분의 1, 그리고 인간게놈의 20분의 1에 해당하는 작은 크기다.

작은 게놈의 크기에도 불구하고 애기장대는 쌍떡잎식물이 가진 모든 기관을 갖추고 있고, 그 유전자의 수는 다른 쌍떡잎식물과 크게 다르지 않을 것으로 생각된다. 이는 애기장대의 게놈 염기서열 내에 불필요한 쓰레기 정보가 매우 적음을 의미한다. 즉, 애기장대 게놈프로젝트를 위해 3천억 원의 경비가 든다면 담배 게놈프로젝트를 위해서는 그 30배인 9조 원의 경비가 들고, 실제 얻는 유전정보의 양에서는 별다른 차이가 없다는 말이다. 따라서 애기장대는 분자유전학 연구를 위한 이상적인 재료인 동시에 경제적인 재료였던 것이다.

또한 유용한 유전자는 그것이 잡초에서 나왔건 농작물에서 나왔건 그 기능이 다르지 않다. 예를 들어 애기장대의 돌연변이 연구를 통해서 미국 소크연구소의 바이글 박사는 LEAFY라는 유전자가 식물의 꽃 발달을 명령하는 기능이 있음을 알아냈다. 그는 애기장대에서 얻은 LEAFY 유전자를 포플러에 도입해서 개화시기를 현저히 단축시키는 획기적인 결과를 얻었다.

다른 예로 녹색혁명의 견인차 역할을 했던 통일벼는 비바람에

쉽게 쓰러지지 않고, 많은 낟알이 맺혀도 튼튼히 지탱한다는 특징이 있다. 그러나 현재 통일벼는 농가에서 거의 재배되지 않는다. 밥맛이 없기 때문이다. 다행히 최근에 통일벼의 특징을 갖게 하는 유전자(gai)가 애기장대에서 분석됐고, 이 유전자를 밥맛이 좋은 벼에 도입하면 밥맛이 유지되면서 통일벼의 장점을 살릴 수 있는 품종개량이 가능하다.

돌연변이체를 얻는 것이 쉽고, 그로부터 유전자를 분석하는 것이 편한 애기장대가 식물게놈프로젝트의 첫 대상으로 선정된 것은 당연하다. 1980년대 중반부터 애기장대에 대한 연구가 폭발적으로 증가했고, 결국 1991년 '다국적 애기장대 게놈프로젝트 컨소시엄'(MCAGP)이 구성됐다.

드디어 첫 서열 밝혀져

미국, 일본, 유럽연합체가 적극적으로 참여한 국제컨소시엄은 2000년 12월 14일, 국제학술지인 '네이처'에 식물에서 처음으로 애기장대에 대한 전체 염기서열을 공표했다. 그런데 애기장대 게놈에 관해 지금까지 축적된 정보를 들여다보면 몇 가지 특징적인 사실을 발견할 수 있다.

우선 애기장대는 약 2만5천 개의 유전자를 가지고 있는데, 이는 초파리의 1만3천 개에 비하면 훨씬 많은 수다. 애기장대의 세포, 조직, 기관이 초파리에 비해 매우 단순하다는 사실을 고려하면 잘 납득되지 않는 결과다. 그러나 이 결과는 한 장소에 뿌리박혀 생활하는 식물이 변

◐ 바나나 게놈지도가 완성되면 질병과 해충에 강한 바나나를 만들 수 있을 것이다.

화무쌍한 환경에 적절하게 대처하고 적응하기 위해서 다양한 유전자원을 확보하고 있다는 사실을 나타낸다.

또한 애기장대의 게놈 연구결과, 동물과 식물의 게놈상의 차이를 발견할 수 있었다. 동물과 식물은 진화적으로 약 16억 년 전에 갈려져 나온 것으로 추정되는데, 이후 서로 다른 진화과정을 통해 오늘날의 생물체로 발전했다. 생물체의 생명활동에는 세포내 신호전달이라는 메커니즘이 중요한데 이러한 신호전달을 담당하는 유전자로 동물은 두 가지 타입의 유전자군을 가지고 있다. 그러나 흥미롭게도 식물에서는 한 가지 타입의 유전자군만 발견된다. 이는 동물과 식물의 공통 조상이 한 가지 타입의 유전자만을 가지고 있었음을 짐작케 해주는 결과다.

또한 애기장대의 총 유전자중 약 60%는 다른 박테리아나 동·식물에서 발견된 유전자와 부분적으로 유사한 염기서열을 보이고 있다. 따라서 애기장대 게놈을 통해 다른 생명체의 기능을 어느 정도 유추할 수 있다.

애기장대 게놈프로젝트는 채소작물을 포함한 거의 모든 쌍떡잎식물의 연구에서도 중요한 기초정보를 제공한다. 예를 들어 애기장대와 배추는 진화적으로 가까운 친척이지만 그 형태는 서로 다르다. 그 차이가 나타나는 원인을 알아내는 데 애기장대의 게놈정보는 유용하게 활용된다. 다른 쌍떡잎식물의 게놈 연구를 위해서도 애기장대의 게놈정보는 기준틀로 활용될 것이다. 모든 쌍떡잎식물의 유전자는 정도의 차이는 있겠지만 서로 비슷하기 때문이다.

애기장대 게놈프로젝트의 완료에 힘입어, 전세계에서 네 번째로 많이 재배되는 바나나의 전체 게놈을 연구하는 계획도 진행

식물, 그린의 마술사

🔴 세계 10여 개국이 참여해 공동 연구중인 벼. 우리나라도 연구에 참여하고 있다.

되고 있다. 2001년 7월 11개국의 참여로 발족된 '글로벌 바나나 게노믹스 컨소시엄'은 앞으로 5년 내에 바나나 게놈지도를 완성할 계획이다.

벼 게놈프로젝트

인류의 주곡인 쌀, 옥수수, 밀 등의 경우 애기장대 게놈정보가 제한적으로만 적용될 수밖에 없다. 벼, 옥수수, 밀 등은 외떡잎식물이기 때문이다. 쌍떡잎식물과 외떡잎식물은 약 1억4천만 년 전에 갈라져 서로 다른 경로를 거쳐 진화했다고 생각된다.

쌍떡잎식물은 2만~2만5천 종의 유전자를 가지고 있는데, 외

○ 벼는 게놈의 크기가 작아 게놈프로젝트에 매우 이상적이다. 현재 벼의 게놈은 거의 완전히 해독돼있는 상태다.

떡잎식물은 3만~3만5천 종 정도의 유전자를 가지고 있다고 생각된다. 이는 애기장대의 게놈이 외떡잎식물의 게놈 전체를 포괄하지는 못하고 있고, 외떡잎식물에서 더 많은 새로운 유전자원이 발견될 것이라는 의미다. 이러한 생각에 입각해 시작된 것이 바로 '벼 게놈프로젝트' 다.

벼는 현재 알려진 외떡잎식물 중 게놈 크기가 가장 작은 식물로서 약 4억 염기쌍을 가진다. 이는 옥수수의 6분의 1, 밀의 37분의 1에 해당하는 작은 크기로 게놈프로젝트에 이상적인 조건이다. 벼는 특히 아시아권에서 중요한 작물이다.

벼 게놈프로젝트는 일본이 초기부터 주도권을 가지고 활발하게 추진했다. 일본은 1990년 초반부터 벼 게놈연구를 집중 지원했고, 1998년 한국, 중국, 대만, 인도, 태국, 미국 등을 포함한 11개국은 벼 게놈연구 국제컨소시엄을 구성했다. 국제컨소시엄을 구성하면서 일본은 1억 달러의 연구비를 쾌척했고 여타 국가에서도 약 1억 달러를 지원해, 벼 게놈프로젝트는 순조롭게 진행되

◐ 미국에서 연구중인 옥수수는 벼보다 6배 큰 게놈을 가지고 있지만 유전정보는 큰 차이가 없다.

는 듯 보였다.

당초 국제컨소시엄은 2008년까지 벼 게놈 염기서열을 완전히 해독하려는 계획을 가지고 있었다. 그러나 다국적 농생명공학 회사인 몬산토사가 2000년 4월 1차적으로 벼 게놈서열의 분석을 완료했다고 발표했고, 미국 생명공학 벤처회사인 셀레라사가 인간게놈프로젝트에서 능력이 입증된 샷건방식으로 단시간 내에 벼 게놈분석을 완료하겠다는 계획을 발표했다. 이에 다급해진 일본은 4천만 달러를 추가로 게놈프로젝트에 투입해 완료시점을 2004년으로 앞당기게 됐다.

6배 바가지 쓰는 미국

미국에서 연구 중인 옥수수는 벼보다 6배 큰 게놈을 가지고 있지만 유전정보는 큰 차이가 없다.

벼 게놈프로젝트에 대한 미국의 입장은 상당히 흥미롭다. 당초 미국은 벼 게놈연구에 적극적이지 않았다. 미국은 1997년 옥수수 재배농들의 압력에 의해 '옥수수 게놈프로젝트'를 의회에서 승인해 1억4천만 달러의 재원을 마련했다.

그러나 옥수수 게놈 염기서열을 모두 해독하겠다는 발상은 사실 터무니없었다. 옥수수는 벼에 비해 게놈이 무려 6배나 크기 때문에 이 프로젝트를 위해서는 벼 게놈연구에 비해 6배의 연구비가 더 들어가야 한다.

하지만 벼, 옥수수, 밀 사이에는 엄청난 게놈 크기의 차이에도 불구하고 유전정보에서는 거의 차이가 나타나지 않는다. 심지어 유전자의 배열 순서조차 거의 동일하게 나타나는데 이를 신테니(synteny)라고 한다. 즉 벼의 특정 염색체상에 A, B, C, D 유전자가 이 순서로 배열돼 있다면 옥수수나 밀에서도 유사 유전자가 A', B', C', D'의 순서로 배열돼 나타나는 것이다. 따라서 벼 게놈연구에서 얻게 되는 정보와 옥수수 게놈연구에서 얻어지는 정보 사이에는 거의 차이가 없다.

미국의 경우 똑같은 물건을 6배나 비싸게 바가지를 쓰며 사고 있는 셈이다. 이러한 사실을 너무나 잘 알고 있는 미국 과학자들은 마련된 연구비를 벼 게놈프로젝트에 투자해야 한다고 정책입안자를 설득했다. 그런데 과학재단의 담당자를 설득하는 데는 성공했지만 옥수수 재배농을 설득하기는 쉽지가 않았다. 결국 우여곡절을 겪은 끝에 약 1천3백만 달러의 재원이 벼 게놈프로젝트에 인색하게 투자됐다. 현재 미국은 옥수수 게놈프로젝트의 일환으로 옥수수에서 돌연변이체을 만들고 관련 유전자를 분석하는 등 기초 다지기 작업을 하고 있다.

무궁무진한 유전자원

식물게놈프로젝트 결과를 이용하면 어린아이의 머리만큼 큰 사과처럼 새로운 품종을 개발할 수 있다.

지구생태계 내에는 25만 종의 식물들이 서로 다른 환경조건에서 자라고 있고 이들은 각기 특별한 기능을 가진 유전자들을 가지고 있다. 질병에 대한 저항성을 제공해주는 유전자, 의약품에 이용될 대사물질의 생산을 담당하는 유전자, 성장속도를 빠르게 해주는 유전자, 척박한 토양에서도 잘 자라게 하는 유전자, 오염된 환경을 정화해주는 유전자 등 인류의 필요에 따라 활용할 수 있는 무궁무진하게 많은 유전자원들이 그 개발을 기다리고 있다. 따라서 애기장대와 벼 등 모델식물에 대한 게놈정보가 이해되면 그것을 바탕으로 다른 식물의 게놈연구로 범위를 확장시켜야 한다.

다행히 지난 10년간 게놈프로젝트가 진행되면서 컴퓨터공학과 기계공학 등을 활용한 게놈분석 기술들이 빠른 속도로 발전했다. 덕분에 과거보다 게놈분석에 드는 경비가 훨씬 절감되면서도 더 빠르게 결과를 얻을 수 있게 됐다. 이미 미국은 옥수수, 독일은 감자, 영국은 양배추 게

◎ 식물게놈프로젝트 결과를 이용하면 아이 머리만큼 큰 사과와 같은 새로운 품종을 개발할 수 있다.

놈프로젝트를 시작하는 등 선진국에서는 모델식물을 넘어서 분석이 까다로운 농작물로 게놈 연구의 범위가 확장되고 있는 추세다. 이러한 추세에 맞춰 국내에서도 21세기 뉴프론티어 정책을 입안해 배추, 고추, 인삼 등의 게놈프로젝트를 추진하고 있는 것은 반가운 일이 아닐 수 없다.

미국 농촌을 배경으로 한 영화를 보면 가끔 농부들이 자신이 생산한 농산물을 가지고 나와 누가 더 크고 보기 좋은 농산물을 생산했는지 비교하는 경연대회를 벌이는 것을 볼 수 있다. 이 경연대회의 기록을 통해, 녹색혁명에 의해 품종개량이 이뤄진 지난 30년간 단위 면적당 옥수수 최고 생산량을 알아본 결과, 단위 면적당 항상 20톤으로 일정하다는 것을 알 수 있었다.

이 결과는 시사하는 바가 크다. 단위 면적당 20톤은 현재의 품종으로 얻을 수 있는 최대 생산치에 해당한다. 녹색혁명이 진행되는 동안 농작물의 평균생산량은 꾸준히 증가해 왔지만 최대 생산치는 결코 변하지 않았다. 그 품종의 태생적 한계 때문이다.

농생명공학은 지구상의 다양한 식물이 가진 유전자원을 활용해 농작물의 품종을 개량함으로써 식량문제를 해결할 유일한 대안으로 보인다. 또한 농생명공학은 비료나 농약의 살포가 없이도 잘 자라는 품종을 개발해 더 청정한 지구생태계를 보장해줄 것이다. 식물게놈프로젝트는 농생명공학에 활용할 유용한 유전자원을 확보하게 해주는 동시에 식물의 생리와 발생, 그리고 유전의 원리를 이해하는 데 중요한 열쇠가 된다.

식물, 그린의 마술사

유전자 조작식품

식물게놈 연구의 이면

식물게놈 연구는 사람이 식물의 생명현상을 완벽하게 이해하는 지름길이 될 것이다. 그러나 식물게놈 연구가 식량문제를 해결해 주거나 질병을 치료하는 신물질을 만드는 형질을 지닌 새로운 식물을 만들어내는 등, 희망적인 가능성을 열어줄 수도 있지만 반대로 어두운 일면을 드러낼 수도 있다. 유전자 조작식품에 대한 논란은 어두운 일면에 대한 우려다.

유전자 조작식품은 이미 세계인의 식탁에 오르고 있다. 병충해나 농약에 잘 견디는 생물로부터 특정 유전자를 추출하고, 이를 자연산 콩이나 옥수수에 삽입한 결과물이다. 만일 식물의 게놈정보가 모두 밝혀지면 현재보다 훨씬 다양한 식품이 만들어질 것이다. 예를 들어 인삼의 항암성분 유전자를 추출해 벼에 삽입시킨다면 암을 예방할 수 있는 밥을 먹을 수 있다.

문제는 유전자 조작식품이 건강에 부작용을 일으키는지 여부가 아직 논란 중이라는 점이다.

유전자 조작식품이 건강에 해를 주는 대표적인 사례는 1989년 미국에서 발생한 '트립토판 사건' 이다. 트립토판은 식품 첨가제로 흔히 사용되는 아미노산(단백질의 기본 성분)의 일종이다. 과학자들은 미생물에 트립토판 유전자를 삽입한 후 미생물을 증식시켜 대량의 트립토판을 얻는 데 성공했다.

문제는 이 트립토판이 첨가된 식품을 먹고 36명이 사망하고 1만여 명 이상의 환자가 발생했다는 점이다. 몸에서 백혈구 수가 증가하고 심한 근육통 증상을 보이는 전혀 새로운 종류의 병이었다. 미국은 그 해 11월 트립토판 첨가 식품을 먹지 말라고 '비상 경고령'을 내렸다. 이처럼 '확실한' 증거는 아니지만 인체에 해를 끼칠 가능성이 농후한 다른 사례도 여럿 있다.

또 다른 예로 표식유전자의 유해성 여부가 있다. 유전자를 조작할 때 원하는 유전자가 제대로 삽입됐는지 알기 위해 표식유전자가 함께 사용된다. 가장 많이 사용되는 표식유전자는 항생제에 잘 견디는 특성을 가진 유전자. 현재 미국 식품의약국(FDA)이 검토한 52종의 유전자조작 농작물 중 31종에서 항생제 내성 유전자가 이 용도로 사용되고 있다. 그렇다면 표식유전자가 사람의 장에 들어왔을 때 별다른 위험이 없을까. 이 유전자가 만든 단백질이 알레르기나 독성을 일으키지 않을까.

놀랍게도 이에 대한 입장은 극적으로 대비된다. 2000년 7월

● 그린피스 회원이 유전자 조작된 옥수수 밭에서 반대 시위를 벌이고 있다.

의 선진 8개국(G8) 정상회담에서 자크 시라크 프랑스 대통령은 "유전자 조작식품에 대해 입장이 다른 두 가지 학파가 있다"고 말했다. 즉 미국과 캐나다로 대표되는 '미국 학파'는 건강 무해론을 펼친 반면, 유럽과 일본이 주축이 된 '다른 학파'는 좀 더 많은 연구가 진행돼야 한다는 신중론을 표방했다. 특히 영국의 광우병과 벨기에의 다이옥신 사건을 경험한 유럽인에게 외래 유전자를 삽입한 식품의 안전성 문제는 상당히 민감한 사안이다.

사람들이 매일 섭취하는 다른 음식물의 안정성도 과학적으로 평가되듯이 유전자 조작식품의 안정성이 끊임없이 과학적으로 평가돼야 한다. 그러나 정상회담에서 드러난 것처럼 양쪽 학파 모두 '과학'의 이름을 내세워 상반된 견해를 내놓고 있다. 객관성과 정확성의 상징인 과학이 유전자 조작식품에 관해서는 두 손을 들고 있는 셈이다. 식물게놈프로젝트의 진행은 한편으로 유전자 조작식품의 안전성에 대한 논란을 더욱 심화시킬 것이다.

Cross Words Puzzle

탐구마당
사이언스 십자말 풀이

가로열쇠

1. 생물의 유전자를 다른 생물의 세포 안으로 넣을 때, 사용하는 운반체로 염색체와 별도로 세포 내에서 증식할 수 있는 작은 DNA 조각.
2. 속씨식물 중에서 떡잎이 두 장인 식물로 배추, 무, 콩 등 여러 가지 종류가 있다.
3. 십자화과에 속하는 쌍떡잎 식물로 식물게놈프로젝트에 의해 이 식물의 염기서열이 밝혀지고 있다.
4. 생물을 식물과 함께 대별하는 하나의 계.
5. 농작물의 특성과 생물학의 여러 분야의 지식을 기반으로 인간의 필요에 맞게 농작물을 인위적으로 변경하는 기술.
6. 벼의 게놈에 있는 염기서열을 밝히는 계획.
7. 감각기를 격동시켜 작용을 일으키는 것.

세로열쇠

1. 5~6월에 아름다운 꽃을 피는 식물로 최근에 유전자를 조작하여 이 식물이 파란색 꽃을 피우도록 시도하고 있다.
2. 속씨 식물중에서 떡잎이 1장인 식물로 벼, 밀, 옥수수 등 여러 가지 종류가 있다.
3. 유전정보가 존재하는 DNA의 구성성분인 A, G, C, T의 배열
4. 조직배양을 통해 병충해에 강한 유전자를 가진 감자를 콩알만한 크기로 만든 것
5. 농촌진흥청에서 1965년부터 1972년까지 여러 차례 실험 재배를 거쳐 개량한 벼의 품종으로 수확량이 많다.
6. 나무를 영어로 ○○라 하죠.

서바이벌 퀴즈

- 맥클린토크에게 노벨상을 안겨준 식물의 이름은?
- 버드나무를 키우는 실험으로 식물이 흙이 아니라 물을 흡수해 자란다는 주장을 한 사람은 누구일까?
- 소쉬르와 함께 식물의 생장에 빛이 필요하다는 주장을 한 과학자는 누구일까?
- 식물이 녹색으로 보이는 이유는 무엇일까?

4 식물의 역사

1 바바라 맥클린토크
옥수수에 바친 70년

2 광합성 연구의 역사
뿌리에서 잎으로

3 역사 속의 식물
역사를 기록한 닥나무 한지

옥수수와 평생 연애를 한 과학자, 광합성의 비밀이 밝혀지기까지 부단히 연구하였던 과학자들에 대해 알아보자.
그리고 식물이 푸르게 보이는 이유를 통해 식물의 진화 역사를 알아보자.

식물, 그린의 마술사

바바라 맥클린토크

옥수수에 바친 70년

plant

전이유전자를 발견한 공적으로 1983년도 노벨 생리의학상을 받은 바바라 맥클린토크는 이 부문의 첫 번째 단독 여성 수상자였을 뿐 아니라 가장 고령의 여성 수상자라는 기록도 세웠다.

32년 만에 인정받은 업적

1983년 10월 10일 스웨덴의 카롤린스카 연구소가 옥수수의 전이(轉移)유전자를 발견한 공적으로 맥클린토크에게 노벨상을 준다고 발표하던 날 그녀의 연구실 전화통은 불꽃이 튀었으나 맥클린토크는 벨이 울릴 때마다 수화기를 잠깐 들었다가는 다시

놓곤 했다. 그녀에게는 축하전화도 받을 여유가 없었다. 연구조수도 없는 그녀는 한순간도 연구에서 손을 놓을 수가 없었던 것이다. 60여 년의 세월을 하루같이 이런 생활을 보내온 그녀가 이 날 라디오에서 노벨상 수상 소식을 들었을 때도 "어머나!"라는 외마디를 중얼거렸을 뿐이었다. 그러나 그녀의 얼굴은 32년 만에 업적이 인정됐다는 감동을 감출 수가 없었다.

맥클린토크가 전이유전자를 발견한 것은 1951년이었다. 그녀는 유전자가 실로 꿰맨 염주알처럼 한자리에 고정돼있는 것이 아니라 염색체 위로 이리저리 뛰어 다닐 수 있고, 이 전이유전자는 어떤 유전자의 기능을 멈추게 하는 원인이 된다는 것을 밝혀낸 것이다. 그러나 이런 사실을 발표했을 때 그 논문의 발췌인쇄를 요청해 온 것은 3건뿐이었다. 그녀의 연구는 이해하기가 너무나 어려웠을 뿐 아니라 관심을 가진 과학자도 거의 없었다. 오랜 세월이 흐른 뒤 생물학자들은 박테리아와 다른 생명체에서도 이런 유전자를 발견하고 비로소 그녀의 업적이 유전자의 규제 메커니즘과 유전학에 중대한 실마리를 제공할 수 있다는 사실을 알게 된 것이다.

말괄량이 책벌레 소녀시절

최근 맥클린토크의 전기를 쓴 보스턴의 노스이스턴대학의 수학 및 인류학교수 '이블린 폭스 켈러'는 맥클린토크의 고집은 이단적인 성장과정에서 형성됐는데 이것은 그녀가 연구에서 성공하는 데는 이바지했으나 전문세계에 적응하는 데는 실패한 요인이 되기도 했다고 주장하고 있다.

맥클린토크는 1902년 미국 코넥티컷 주의 수도인 '하트포트'

식물, 그린의 마술사

○ 세포실험 중인 맥클린토크

에서 의사 집안의 네 자녀 중 셋째로 태어났다. 그녀의 부친은 처음 뉴잉글랜드 지방에서 개업하다가 뉴욕의 브루클린으로 옮겼는데 학교당국에 대해 자기 딸에게는 숙제를 주지 말라고 부탁했다. 그래서 바바라 맥클린토크는 말괄량이와 책벌레로 자라났다. 그녀의 모친은 대학은 여성이 갈 곳은 못된다고 믿고 있었으나 맥클린토크는 17세가 되던 해에 코넬대학에 입학했다. 그녀는 처음에는 식물육종을 전공할 생각이었지만 그것은 숙녀에게는 어울리지 않는 학문이라고 생각돼 식물학을 택하게 됐고 마침내 옥수수와 평생을 건 로망스가 시작됐다.

1927년 코넬 대학에서 박사학위를 받은 맥클린토크는 여성이라는 핸디캡 때문에 14년이라는 긴 세월동안 이렇다할 직장 없이 임시직 강사와 연구조수로 떠돌이 신세를 면할 수 없었다. 1930년대만 해도 미국 대학에서는 여성에게 교수직을 주지 않았던 것이다. 코넬대학에서 그녀를 지도했던 옥수수 유전학자 R.A. 에머슨 교수는 "옥수수의 유전 세포학에 관한 한 맥클린토크는 미국에서 가장 우수한 연구자"라고 치켜세웠으나 그녀를 받아들이겠다는 대학이나 연구소는 아무 데도 없었다. 1941년 그녀는 완전히 무직자가 됐다. 이때 구원의 손길을 내민 곳은 워싱턴의 카네기 연구소였다. 이 연구소는 그녀를 롱아일랜드에 있는 콜드스프링 하버의 산하 유전학 연구소로 보냈다. 맥클린토크는 연구실과 도로를 끼고 마주보는 곳의 차고를 개조해 만든 집에서 기거하기 시작했다.

이 연구소에 올 때 맥클린토크는 이미 옥수수에 관한 연구로 국제적인 명성을 얻고 있었다. 그녀는 벌써 대학원생 시절에 옥수수의 10개의 특이한 염색체를 밝혀내고 이것을 분류했던 것이다. 그래서 연구자들은 여러 세대에 걸쳐 염색체를 비교할 수 있게 됐는데 이것은 유전연구에서는 반드시 필요한 과정이다. 얼마 뒤 그녀는 대학원생 해리엣 그레이터와 함께 유전자가 식물의 특성을 결정하는 유전정보를 나르고 있다는 것을 실증했다. 오랫동안 추측에 머물러오던 것을 마침내 밝혀낸 것이다.

DNA의 정체가 밝혀지기 전 시대에서 잡종식물의 물리적인 특징뿐 아니라 그 세포물질까지 밝힌 논문을 발표함으로써 맥클린토크는 세포유전학계에서 정상의 자리를 굳혀갔다. 맥클린토크는 또 1941년까지의 많은 연구 끝에 옥수수에서 유전자의 발현은 이동유전자로 제어될 수 있다는 결론을 도출하게 된다. 그

식물, 그린의 마술사

○ 맥클린토크는 1941년까지의 오랜 연구 끝에 옥수수 알맹이에 다채로운 색소가 나타나는 이유를 발견했다.

녀는 제 9번째의 염색체와 함께 있는 한 쌍의 유전자가 옥수수 알맹이의 색소형성에 대한 유전정보를 지정하는 유전자의 기능을 활성화하거나 정지시킬 수 있다는 사실을 발견했던 것이다. 이 활성(Ac) 유전자는 절단(Ds) 유전자에게 신호를 보내 염색체의 길이 방향에 따라 자리를 바꾸거나 또는 '도약' 하게 만든다는 것을 그녀는 발견했다. 이 활성 유전자가 도약하면 염색체가 절단된다. 이 절단 유전자가 염색체의 가로 방향으로 다시 삽입되면 이웃의 유전자들을 불활성화시킨다. 이렇게 유전물질이 뒤섞여 옥수수 알맹이에 다채로운 색소가 나타나는 것이다.

외면당한 역사적 논문

이 새로운 사실을 발견하고 흥분한 맥클린토크는 연구결과를 요약하여 우선 미국 과학아카데미회보에 발표했다. 그리고 그녀는 좀 기다렸다가 해마다 열리는 가장 중요한 생물학회인 콜드 스프링의 정량 생물학 심포지엄에서도 완성된 논문을 발표했다. 그러나 그녀의 논문을 이해하는 사람은 거의 없었다. 그녀의 말을 알아듣는 사람도 거의 없었을 뿐 아니라 그녀의 논문을 받아들이려는 사람도 거의 없었다. 심지어는 그녀를 '미친 사람'이라고 생각하는 사람도 있었다. 그 중에는 이렇게 집약된 형태의 결론을 유도하는 데 필요한 연구를 어떻게 한 사람의 힘으로 모두 할 수 있었을까 의심하는 사람들도 있었다. 실제로 논문의 내용이 너무나 어려웠다는 것도 하나의 이유였었다.

노벨위원회의 한 위원의 말을 빌면 그녀의 논문을 제대로 평가할 수 있는 사람은 전세계에서 5명 정도의 유전학자들뿐이었다고 한다.

그녀의 연구가 신통치 않은 반응을 얻은 원인은 어디에 있었을까? 문제는 두 가지 면에 있었다고 그녀의 동료들은 생각하고 있다. 첫째, 맥클린토크의 논문은 명쾌한 것과는 거리가 멀었다는 점이다. 그녀의 논문은 뻐근할 정도로 농도가 짙어서 따라가기가 매우 어려웠다. 현재 맥클린토크의 전이유전자에 대한 연구를 하고 있는 젊은 식물분자생물학자 스티븐 델라포타는 "그녀의 논문은 한 절이 끝날 때마다 산더미같이 많은 데이터가 붙어 다닌다. 그녀는 한 마디의 발표를 뒷받침하기 위해 수백 건의 실험을 했을 것이다"라고 말하고 있다.

둘째로, 그녀는 자기의 연구를 이해하지 못하는 동료들과는 토론하기를 주저하는 고집이 있다. 그녀의 과묵은 수줍음과 고고한 지성이 뒤섞인 데서 나온 것이라고 생각하는 사람도 있다. 그녀의 전기를 쓴 켈러 교수는 맥클린토크의 연구를 동료들이 이해하기 어려웠던 이유는 그녀의 논문이 '말로 분명히 표현할 수 있는 이성의 한계'를 넘어섰기 때문이라고 주장하고 있다. 켈러 교수는 '맥클린토크는 자기의 특수한 관찰 및 인식방법으로 밀고 나가고 있어 이것을 따라갈 사람은 거의 없다'고 말했다.

그러나 맥클린토크를 잘 알고 있는 사람들은 그녀가 남들과 어울리지 않는 성격을 감싸고 존경한다. 그녀는 주로 거리를 두고 우정을 나누거나 또는 실험을 하다가 짧은 휴식을 취하는 동안만 동료들과 이야기를 나눈다고는 하지만, 친구가 아주 없는 것은 아니다. 그 중에는 60년이 넘는 세월 동안 내내 그녀와 사귀어 온 사람들도 있다. 그녀는 해마다 가을철이 되면 숲에서 주워 모은 까만 호두로 손수 과자를 구워서 가까이 지내는 한두 사람에게 선물한다. 그녀는 특히 자기의 연구에 관심을 가진 사람

◯ 이블린 폭스 켈러가 쓴 바바라 매클린토크의 전기.

들에게는 아낌없이 시간과 정력을 바친다.

노벨상 후보에도 여러 번 올라

맥클린토크는 그동안에도 여러 번 노벨상 후보로 지명됐다는 소문이 있었다. 그녀의 전이유전자에 관한 업적을 인정하는 데 그렇게 오랜 세월을 끌게 된 이유는 무엇이었을까?

미국 존스 홉킨스대학의 과학사가인 '오웬 해너웨이'는 맥클린토크의 연구결과가 인정을 받기 위해서는 옥수수 외의 다른 시스템에서도 검증할 수 있게 돼야 했는데 그러자면 재조합 DNA기술의 등장을 기다려야 했다고 말하고 있다. 맥클린토크가 오랜 세월에 걸쳐 구식의 멘델 방법을 통해 밝혀낸 사실들은 1960년대에 이르러서야 첨단 분자생물학에 의해 확인되기 시작했던 것이다.

그러나 맥클린토크의 존재가 그동안 과학계에서 전혀 무시되어 온 것은 아니었다. 그녀는 이미 1944년에 미국 과학아카데미 회원으로 선출된 세 번째 여성이 되었다.

그동안 그녀의 이름은 과학계의 주류에서 크게 벗어난 일도 없었다. 그녀의 업적을 이해하고 언제나 제대로 평가하고 있는 정상급 과학자들도 몇 사람은 있었다. 그 중에는 옥수수유전학의 업적으로 널리 알려진 마커스 로디즈와 효소연구로 1958년 노벨상을 받은 조지 비들도 있다.

맥클린토크는 1950년대와 1970년대에 세계 DNA 연구의 중심지였던 콜드 스프링 하버연구소 주변에서는 고명한 인사로 통했다. 오랫동안 콜드스프링 하버 연구소의 소장으로 지냈고 DNA 나선구조의 발견으로 1972년 노벨상을 탄 '제임스 왓슨'

은 "세계정상급의 유전학자들이 맥클린토크의 이야기를 듣기 위해 줄지어 콜드스프링 하버로 찾아 왔었다"고 회고하고 있다.

그러나 맥클린토크의 유전자연구가 널리 인식되기 시작한 것은 1970년대부터였다. 1981년 한 해 동안 그녀는 무려 8개의 상을 받았다. 그 중에는 1만5천 달러의 상금이 달린 권위있는 알버트 라스커 기초의학 연구상과 5만 달러 상금의 이스라엘의 월프 재단상이 포함돼 있다. 또 시카고의 맥아더 재단은 그녀를 펠로우로 임명하고 평생동안 해마다 세금이 면제된 7만 달러를 제공하기로 했다.

물질적인 욕망이라고는 좋은 안경 하나면 족했던 그녀는 이렇게 많은 돈을 받게 되자 처음에는 당황했다. 그러나 지금까지 참았던 불편은 덜어야 하겠다는 생각이 들었다. 그래서 새차를 한 대 구입했고 20년간 거처했던 차고 위 두 칸짜리 방 신세에서 벗어나 좀 넓직한 집도 장만했다. 그녀는 노벨상의 상금이 19만 달러나 된다는 것도 그때 처음 알았다고 말했다.

외로운 은둔자

노벨상의 수상자로 발표된 뒤 며칠 동안은 수많은 기자들이 찾아와 인터뷰를 청했으나 그녀는 단호하게 거절했다. 많은 기자들이 콜드스프링 하버의 넓은 잔디밭 위를 어슬렁어슬렁 거닐면서 그녀의 작은 아파트나 연구실에서 그녀를 만날 기회를 노렸다. 두 명의 아르헨티나 기자는 그녀의 자연스런 모습을 찍으려고 며칠 동안 파파라치처럼 움직이기도 했다.

그러나 맥클린토크는 이들의 청을 들어주지 않았다. 베일에 싸인 그녀의 생활 때문에 맥클린토크는 흔히 고독한 사람, 은둔

◐ 노벨상을 받고 있는 맥클린토크의 모습.

자, 속세를 버린 사람, 또는 롱아일랜드에 사는 '희미한 유전학자' 등 여러 가지 별명으로 묘사되고 있다.

유전학의 가장 위대한 발견

맥클린토크를 가리켜 '최후의 멘델인' 이라고 말하는 사람도 있다. 유전학은 본시 19세기의 성직자인 그레고리 멘델이 시작한 과학인데 맥클린토크는 어디를 보나 멘델의 진짜 제자라는 것이다. 그녀는 멘델이 완두콩시험장에서 오랜 세월을 보냈듯이 반세기의 세월을 옥수수시험장에서 수도생활과 같은 고독으로 지냈다. 맥클린토크는 과학연구가 대규모의 연구팀으로 수행되는 시대에 연구조수 한 사람도 없이 혼자서 수행했다. 그녀는 또 멘델처럼 오랜 세월을 그녀의 연구노력에 대해 다른 사람들의 주목을 거의 받지 못했었다.

맥클린토크의 일과는 연구를 시작한 이래 거의 달라진 것이 없다. 일찍 일어나서 에어로빅체조를 한 후 아침을 먹고 숲 속으로 걸어간다. 아침 7시가 되면 어김없이 도서실에 들어가 논문을 복사하고 최신의 저널을 읽는다. 그곳에서 곧장 연구실로 가서 꼬박 16시간을 보내는데 이따금 간이침대에서 낮잠을 잔다. 봄과 여름에는 약 4백m 떨어진 시험밭에 나가서 옥수수를 심는다. 본래의 시험밭은 조류보호지역과 이웃해 있었으나 이젠 잔디로 덮였다. 그녀는 이곳을 '사랑스런 작은 오아시스'라 불렀다.

그러나 지난 20년간 맥클린토크의 연구는 수십 명의 분자생물학자들에게 자극을 줘 옥수수연구에 손을 대게 했다. 그녀가 거둬들인 종자는 전세계의 연구소로 전파되고 그녀가 얻은 지식은 유전자의 규칙과 돌연변이과정에서 새로운 통찰력을 제공하고 있기 때문에 재조명을 받고 있는 것이다.

노벨상위원회의 말대로 한때 빛을 보지 못했던 그녀의 업적은 오늘날 제임스 왓슨과 프란시스 클릭이 1953년 발견한 DNA의 이중나선구조와 함께 '우리 시대의 유전학의 2대 발견 중의 하나'로 높은 평가를 받고 있다. 그녀는 전이유전자의 발견으로 이제 박테리아가 항생물질에 대한 내구력을 발전시킬 때 전이물질을 통해 이웃의 박테리아에게 이런 특성을 전달한다는 것도 알게 됐다. 이것은 또 정상세포가 암세포로 바뀌는 과정을 이해하는 데 중요한 역할을 할 수도 있을 것이다. 맥클린토크는 1992년, 조용하지만 치열했던 그녀의 삶을 마감했다.

식물, 그린의 마술사

광합성 연구의 역사
뿌리에서 잎으로

plant

　　먼 옛날에도 사람이나 동물들이 키가 크고 몸집이 커지는 것은 음식물을 섭취함으로서 가능하다는 것을 쉽게 이해할 수 있다. 잘 먹으면 잘 자란다는 것을 생활 속의 경험을 통해 쉽게 알 수 있었던 것이다. 그러나 식물은 땅에 뿌리를 내리고 자라는 점 외에는 특별히 음식물을 섭취하는 것같이 보이지 않기 때문에 식물이 어떻게 자라는지를 과학적으로 이해하기는 쉬운 일이 아니었다.

　　과학이 발달해있는 오늘날에도 거대하게 자라는 나무의 씨앗을 보여주고 이 씨앗이 어떻게 나무로 자라는가에 대해서 물으면 흙으로부터 필요한 물질을 흡수해서 자란다고 설명하는 경우가 많다. 관찰을 통해 보이는 것이 사람들의 생각에 많은 영향을 주기 때문이다.

아리스토텔레스(BC 381~BC 322)도 땅 속에서 이미 식물이 자라는 데 필요한 물질이 잘 만들어지고 식물은 이를 흡수해 자란다고 생각했다. 식물이 어떻게 필요한 물질을 흡수하는지에 관해 연구한 사람으로 체살피노(Cesalpino, 1519~1603)가 있다. 체살피노는 이탈리아 태생의 의학자며 식물학자다. 체살피노는 심장이 몸에서 가장 중요한 기관이라는 아리스토텔레스의 주장을 뒷받침하는 연구를 했다.

그는 심장을 "낙원으로부터 흘러나오는 네 개의 강처럼" 인체에 물을 대는 커다란 네 개의 정맥으로부터 나오는 샘 같은 것으로 묘사했으며 정맥을 묶을 경우 정맥의 일부가 팽창한다는 것을 알고 있었다. 또한 체살피노는 순환(circulation)과 모세혈관(capillary vessels)과 같은 현대적인 용어를 도입하기도 했다.

○ 식물의 물질 흡수과정을 연구한 체살피노(Andrea Cesalpino).

체살피노는 식물의 분류나 식물의 영양에 대해서도 상당한 식견을 가지고 있었다. 식물 분류에 있어서 꽃과 열매의 중요성을 강조했고, 식물도 정맥이 있고 이 정맥을 통해 필요한 양분이 이동한다고 주장했다. 그러나 그의 설명은 동물을 중심으로 식물을 비교함을 통해 나온 것이어서 실제 식물의 영양을 설명하는 것과는 거리가 있었다.

실험적인 증거를 통해 식물의 생장을 밝힌 사람은 벨기에 태생의 헬몬트(Helmont, 1577~1644)다. 헬몬트는 2.75kg의 어린 버드나무를 일정한 흙을 담은 질그릇 화분에 심은 후 윗부분을 판자로 덮고 물만 주면서 키웠다. 5년 후 버드나무는 76.64kg이

140 식물, 그린의 마술사

되어 약 74kg 정도 생장했으나 화분 속의 흙은 0.06kg만 감소하였다. 헬몬트는 이런 결과를 토대로 식물은 흙에서 물질을 섭취하지 않고 물만으로 자랄 수 있다고 생각했다.

그 후 말피기(Malpighi, 1628~1694)는 식물의 잎이나 뿌리가 외부로부터 물질을 흡수해 필요한 물질을 만들며 생장한다고 주장했다. 그러나 그는 식물이 공기를 흡수한다는 것은 알았지만 잎과 뿌리 중에서 어느 곳으로 흡수하는지를 명쾌하게 설명하지는 못했다. 식물이 생장하는 데 흙 속의 수용성 물질 외에 공기가 중요하다는 생각은 18세기에 헤일즈(Hales, 1677~1761)에 이르러 나타난다. 헤일즈는 뿌리에서 흡수되는 물과 수용성 양분 외에 기체가 식물체를 구성하는 중요 물질이라고 생각했다.

○ 헬몬트(Jan Baptista van Helmont)

식물의 생장에 기체가 관련이 있다는 것을 실험을 통해 입증한 사람은 산소의 발견자로 유명한 영국의 프리스틀리(Priestley, 1733~1804)였다. 프리스틀리는 연소와 호흡에 공기가 필요하다는 것을 알고 있었다. 이러한 생각을 바탕으로 식물도 동물과 마찬가지로 호흡의 결과 공기를 변화시킬 것이라고 생각하고 이를 실험을 통해 입증하려 시도했다.

그는 유리종 안에 양초를 넣고 태워 꺼지게 해 공기를 탁하게 하고 여기에 잎이 달린 식물을 넣어두고 10일이 지나면 유리종 안에서 양초가 다시 불붙을 수 있다는 것을 발견했다. 또한, 양초 대신에 생쥐를 이용한 실험을 통해 식물이 쥐의 호흡을 통해 탁해진 공기를 정화할 수 있다는 사실도 발견했다. 그러나 이와 같은 작용이 빛과 관련 있다는 것을 알아내지는 못했다.

프리스틀리의 실험에는 빛이 비춰져야지만 가능하다는 것을 입증한 것은 네델란드의 잉겐하우스(Ingenhousz, 1730~1799)

🔼 나무의 잎에서 광합성이 일어난다는 사실을 인류가 깨닫기까지는 매우 오랜 기간의 관찰과 연구가 필요했다.

였다. 잉겐하우스는 독일계 네덜란드인으로 어학에 뛰어났으며 해부학, 화학, 물리학, 의학에 조예가 깊은 사람이었다. 젊은 시절에 의사로 활동하다가 오스트리아 궁정 의사로 초대돼 일하면서 여러 가지 실험을 했다고 알려져있다. 당시에는 식물에게 필요한 탄소도 뿌리를 통해 흡수된다는 부식토설(腐植土說)이 널리 받아들여지고 있었다. 그러나 잉겐하우스는 부식토가 함유되지 않은 암석에서 거목이 자라고 물재배를 통해서도 식물이 잘 자라는 것을 관찰하고 부식토가 아닌 다른 경로로 탄소가 흡수된다는 생각을 하게 됐다.

잉겐하우스는 소쉬르(Saussure, 1767~1845)와 함께 이 문제를 연구하여 식물에게 필요한 탄소는 CO_2형태로 잎을 통해 흡수된다는 것을 밝혀냈다. 또한 어두운 곳에서는 식물이 이산화탄소를 흡수하지 않고 산소도 방출하지 않는 것으로 보아 식물의 생장에 빛이 필요하다는 사실을 알게 됐다.

그러나 잎에 빛을 비출 때 발생하는 산소가 어디에서 유래하는지는 알지 못했다. 식물의 광합성에서 물의 분해에 의해 산소가 발생한다는 것은 1941년에 루벤이 방사성 동위원소 ^{18}O를 사용한 실험에서 밝혀냈다. 이 후에도 힐(Hill)이나 켈빈(Kelvin) 등에 의해 몇 가지 중요한 발견이 이어지면서 광합성의 주된 과정이 알려지게 됐다.

❍ 식물의 생장에 기체를 연관시킨 프리스틀리(Joseph Priestley).

지금 이 순간에도 숲에서는 풀과 나무들이 햇빛을 받아 유기물을 생산하고 있다. 이 유기물에는 태양의 빛에너지가 화학에너지로 저장돼있어서 지구상에 생존하는 생물들에게 필요한 에너지를 공급하는 원천이 된다. 또한 광합성 과정에서 방출되는 산소는 생물의 호흡을 가능하게 한다. 식물이 생산하는 유기물과 산소의 양은 실로 막대하다. 식물은 연간 1조5천억 톤의 탄소와 2천5백억 톤의 수소를 결합시켜 4조 톤의 유기물을 방출하면서 지구 생명체의 젖줄 역할을 하고 있다. 이 중 육상식물이 담당하는 부분은 약 10% 정도고 나머지는 해양의 조류와 단세포 식물에 의해 이뤄지고 있다. 모든 생명체의 생존을 가능하게 하는 이런 엄청난 작업의 대부분이 바로 이들에 의해 이뤄지는 것이다. 우리가 숲을 바라보면서 또는 숲 속 안에서 느끼는 신선함과 풍요로움에 대한 감사의 마음은 실상 우리의 생각이 미치지 않는 곳으로 돌려야 할 것이다.

식 물, 그 린 의 마 술 사

역사 속의 식물

역사를 기록한 닥나무 한지

세계 최고의 목판인쇄문화를 가능케 하고 천 년 세월을 숨쉬며 살아온 한지. 이 한지도 알고 보면 이 땅에 자라는 질 좋은 닥나무가 있었기에 가능했다.

닥나무가 있었기에

한국인의 문화적 자존심은 선조들이 만든 인쇄물에서 찾을 수 있다. 현존하는 세계 최고(最古)의 목판인쇄물인 무구정광대다라니경(751년)이 그러하고 구텐베르크보다 70여 년 앞서 금속활자로 찍은 백운화상초록불조직지심체요절(줄여서 직지, 1377년)

도 그렇다. 지난 1천 년간 가장 위대한 발명 또는 세계를 변화시킨 1백대 사건 중 가장 중요한 사건으로 인쇄술이 언급될 때마다 우리들은 선조들이 일궈낸 눈부신 인쇄술 덕분에 더 높은 자긍심을 가질 수 있다.

예로부터 인류는 삶의 족적을 기록으로 후세에 남기고자 애썼다. 그래서 수천 년 전 선사시대 사람들은 바위 위나 큰 절벽 또는 동굴의 벽면 등에 삶의 족적을 새겨 넣거나 그림으로 남겼다. 사슴, 고래, 거북, 물고기, 호랑이, 멧돼지, 곰, 토끼, 여우 같은 동물은 물론이고 사냥하는 모습이나 고래잡이의 광경이 그려져 있는 울주군 언양면 대곡리의 반구대 암각화가 우리들의 소중한 문화유산인 이유도 문자가 없던 선사시대의 조상들이 남긴 귀중한 삶의 족적을 엿볼 수 있기 때문이다.

문명발달과 함께 인류는 그림을 대신할 수 있는 보다 진보된 문자를 만들기 시작했다. 메소포타미아 지방의 수메르 문자(B.C. 3100년경)나 이집트의 신성문자(B.C. 3000년경), 그리고 중국의 한자(B.C. 1300년경)는 삶의 기록을 남기고자 애쓴 인류의 위대한 성취였다.

삶의 족적을 기록으로 남기고자 했던 인류의 오랜 염원은 바위 표면(그림)에서 진흙판(수메르문자), 파피루스(신성문자), 대나무 편(중국의 한자)으로 이어졌고, 오늘날에는 전자, 광선, 자기력을 이용한 첨단과학으로 일찍이 상상할 수 없었던 엄청난 양의 정보를 기록, 저장하기에 이르렀다.

문자의 발명과 인쇄술의 발달은 인류문화를 발전시킨 원동력이었다. 위대한 사상과 축적된 경험이나 지식을 기록해 당대의 사람들뿐만 아니라 후대에까지 보급할 수 있는 인쇄술의 발달은

○ 우리나라 최초의 목판인쇄물이자 세계에서 가장 오래된 인쇄물인 무구정광대다라니경은 신라의 종이로 만들어졌다.

인류가 이룬 위대한 업적이다.

그러나 많은 사람들은 문자와 인쇄술의 발달에 힘입어 정보가 축적되고 축적된 정보가 세계 곳곳으로 보급돼 인류의 문명 발달에 엄청난 역할을 했음을 익히 알고 있지만, 정보의 축적과 전파 이면에 숨어있는 종이의 역할을 인식하지 못하고 있다.

오늘의 우리도 마찬가지다. 세계 최고의 목판과 금속인쇄물을 일구어낸 사실만을 내세우고 있지, 그 내용을 담고 있는 우리 종이에 대해서는 관심이 없다. 천 년 세월을 견뎌낸 우리의 종이, 삭지도 않고 썩지도 않는 우리의 한지. 그래서 살아 숨쉬는 종이라고 했다던가. 1천수백 년을 견뎌낸 이런 한지도 알고 보면 이 땅에 자라는 질 좋은 닥나무가 있었기에 가능했다.

탁월한 외교수단

우리 종이의 명성은 예로부터 자자했다. 닥나무로 만든 통일신라의 종이(楮紙)는 다듬이질이 잘되고 섬유질이 고르고, 희고 질겨서 중국에서 백(추)지(白紙) 또는 계림지로 평판이 높았다고 한다. 그와 같은 흔적은 오늘날도 찾을 수 있다. 국보 제196호 신라 백지묵서대방광불화엄경(白紙墨書大方廣佛華嚴經, 755년경, 호암미술관 소장)의 종이를 조사한 제지역사 분야의 권위자인 일본의 오가와라는 학자는 다음과 같이 보고하고 있다.

"종이는 매우 희고 광택이 있으며 표면은 평활하고 강한 광택이 있다. 티라든가 풀어지지 않은 섬유 덩어리도 적은 아름다운 종이다. 얇은 종이임에도 불구하고 먹이 번지지 않았다. 비춰보면 전체적으로 조화가 있으며, 만지면 파닥파닥하며 치밀하고 밀도가 높은 종이로 보여진다. 종이의 색이 매우 하얀 것을 보면 하얀 종이를 만들기 위해 여러 노력을 했을 것으로 생각된다. 종이의 밀도는 0.64g/㎤로 보통 닥나무 종이의 두 배 정도의 밀도를 보이며 표면에 먹이 스며드는 것을 관찰하면 종이 표면에 먹의 침투를 막기 위한 무엇인가를 바르고, 다듬이질, 문지름 등의 가공을 했다고 생각된다. 이 종이는 원료인 닥나무 껍질에서 최종 가공까지 일관되게 정성들여 만들었을 것이다. 제지기술의 뛰어남을 보면 고대 한국의 유명지(有名紙)의 하나로 보여진다."

이처럼 뛰어난 신라의 제지기술은 고려시대로 이어져서 더욱 이름을 얻었다. 송나라와 원나라는 섬세하고 희고 빛이 나고 매끄러운 고려 백추지를 많은 양 수입했으며, 중국 역대 제왕의 진적을 기록하는 데에 고려지만 사용했다는 기록도 있다. 고려지의 이러한 성과는 조선 전기로 이어졌다. 오죽 종이질이 좋고 명성이 자자했으면 한지가 중국과의 사대외교에 필수품으로까지 한몫을 했다고 한다.

우리 한지의 우수성을 떠올리는 얘기 한 토막은 오늘날도 많

❶ 백피의 조제장면. 백피는 흑피를 철분이 없는 흐르는 냇물에 10여 시간 담가 둬 불린 다음 겉껍질과 중간 껍질을 칼로 벗겨낸 것이다(충북 괴산의 신풍한지). ❷ 펄프를 칼비이터나 자동절구를 사용하여 곤죽을 만든다. ❸ 곤죽이 된 닥나무 펄프를 지통에 넣고 닥풀과 물을 넣어 고르게 혼합시킨 후, 물질을 하여 종이를 뜬다. ❹ 갓 뜬 종이 사이에는 벼개(나일론 줄)를 끼워넣어 낱장으로 종이를 쉽게 뗄 수 있게 한다. ❺ 갓 뜬 종이가 3백~5백 장 쌓이면 위에 판을 대고 돌로 눌러 1차 탈수시키고, 탈수기로 압착해 충분히 물을 뺀다. ❻ 물이 빠진 종이는 한 장씩 건조대에서 건조시킨다. ❼ 생닥나무의 줄기를 벗겨 그늘에 말린 흑피

한지 만드는 법

1. 11월~12월에 베어낸 닥나무를 삶는다.
2. 삶은 닥나무의 껍질을 벗긴다. 겉껍질이 붙은 채 벗긴 것을 흑피 또는 피닥이라 한다.
3. 흑피를 철분이 없는 흐르는 냇물에 10여 시간 담가 둬 불린 다음, 겉껍질을 칼로 벗겨낸 것을 녹피, 푸른 중간 껍질까지 다 벗겨낸 것을 백피라 한다. 보통 생닥나무 10kg에서 2kg의 마른 흑피, 1kg의 마른 백피를 얻을 수 있다.
4. 백피를 부드럽게 하기 위해서 하루 동안 물 속에 담근다.
5. 백피를 40~50cm로 잘라 잿물에 삶는다.
6. 잿물기가 빠지면 대나무 발에 올려서 다시 찐다. 기름기를 빼는 과정이며 종이 질에 중요한 영향을 미친다.
7. 흐르는 물에 씻고 햇볕에 말려서 표백한다.
8. 충분히 짠 다음 티를 고른다.
9. 닥을 널때란 닥돌 위에 올려놓고 나무 방망이로 2~4시간 동안 곤죽이 될 때까지 두들겨 죽같이 만든다.
10. 닥과 닥풀(황촉규의 뿌리에서 추출한 즙액)을 잘 섞은 다음 물질(나무판에 발을 놓고 그것을 여러 번 흔드는 작업)을 한다.
11. 3백~5백 장을 떠서 나무판에 쌓아 놓는다. 일정 시간이 흐른 뒤 이 위에 판을 대고 돌로 눌러 1차 탈수시킨다.
12. 압착해 물이 다시 빠지면 건조대에서 한 장씩 건조시킨다.

은 이들의 입에서 회자되고 있다. 독일의 쿠텐베르크 성서가 겨우 5백 년의 세월도 견디지 못해 열람조차 불가능한 암실에 모셔져있는 반면, 우리나라에서는 1천 년에서 수백 년 묵은 고서적들이 박물관이나 도서관 또는 골동품 상가에서 나뒹굴다시피 쌓여 있다. 우리 조상들은 이처럼 뛰어난 제지기술을 가지고 있었다.

그러나 조상들의 제지기술을 마냥 팔아먹을 수만은 없는 것이 우리의 현실이다. 책을 쓴 저자가 멀쩡하게 살아있는데도 그가 쓴 책의 종이는 누렇게 삭아서 떨어져 나가는 오늘의 우리 제지기술은 분명 부끄러움이다.

향수 뿌려 가꾼 닥나무

이 땅에서 언제부터 종이를 만들어 썼는지를 알려주는 정확한 기록은 없다. 낙랑시대 고분에서 종이 두루마리를 넣어 둔 통이 묵 가루가 그대로 붙어있는 벼루와 함께 발굴됐기에 당시에 이미 종이를 사용하고 있었을 것이라고 추측할 수 있다. 그러나 당시에 사용된 종이가 중국에서 수입해 들여온 것인지, 아니면 기술을 전수받아 국내에서 생산한 것인지는 알 수 없다.

이 밖에도 이 땅에서 종이가 사용됐음을 알려주는 흔적들은 적지 않다. 백제의 아직기가 284년에 일본에 천자문을 전해줬다는 기록이나 4세기 후반에 백제에서 역사서를 편찬했다는 기록, 그리고 610년에 고구려의 담징이 일본에 제지기술을 전수했다는 일본서기의 기록으로 미뤄볼 때, 대체로 2세기에서 늦어도 4세기 경에 우리나라에 종이나 그 제조법이 전래됐을 것으로 추정하고 있다. 그러나 안타깝게도 당시의 종이에 대해서는 제작기법은 물론이고 지질이나 그 특성에 대한 기록도 없어 자세한

○ 닥나무 잎은 한 줄기에서 뻗어나온 잎이라도 그 형태가 다양한 것이 특징이다.

것은 파악할 수 없다.

하지만 다행스러운 것은 신라 백지묵서대방광불화엄경을 통해서 한지 제작과정을 확실하게 엿볼 수 있다는 점이다. 이 화엄경 제50권의 말미에는 "절에서 쓸 종이를 마련하기 위해 닥나무를 재배할 때는 그 나무뿌리에 향수를 뿌리며 정결하게 가꾸고, 그것이 자라면 껍질을 벗겨 삶아 찧어 만든다"고 기록돼있다. 바로 닥나무의 껍질로 한지를 만들었음을 알려주는 단서를 찾을 수 있는 구절이다.

세계에 자랑하는 한지를 만드는 데 없어서는 안 될 닥나무는 그리 높지 않은 우리 산하 어느 곳에서나 자랄 수 있다. 가을이면 잎을 떨구는 낙엽성 관목인 닥나무는 줄기를 많이 만들어내는 키 작은 나무의 특성처럼 여러 해 동안 매년 줄기를 잘라내도 계속해 새 줄기를 만들 수 있는 맹아력이 왕성한 나무다. 닥나무는 어미 나무의 뿌리에서 많이 생겨나는 맹아를 포기나누기나 삽목으로 번식시킬 수 있으며, 추위에 비교적 강하지만 햇볕이

● 삽목
식물체의 일부인 가지나 잎을 어미 나무에서 잘라내 완전한 개체로 생육시키는 것. 꺾꽂이라고도 함.

잘 들고 부식질이 많은 곳에서 잘 자란다.

한지의 원료로 사용하기 위해서는 보통 3년이 지난 줄기를 사용하고, 옮겨 심은 후 5~7년 지난 줄기들에서 가장 많은 섬유를 얻을 수 있다고 알려져있다. 잎이 모두 떨어진 겨울철에 나무를 벌채해 줄기의 껍질만을 한지 생산에 사용한다.

오늘날에도 전통 한지를 뜨는 지장들은 닥나무를 딱나무로 부르기도 한다. 딱나무라는 이름은 닥나무의 가지를 꺾으면 '딱' 소리를 내기 때문에 죽을 때 자기 이름을 한번 부르고 죽는 나무라는 별칭에서 유래됐다고 한다.

닥나무 재배에 대한 최초의 역사적 기록은 고려사에서 찾을 수 있다. 고려시대는 사찰과 유가에서 서적출판(대장경, 삼국사기 등)이 성행했기에 종이 수요가 늘어났고 이렇게 늘어난 수요를 충족시키기 위해서 대량으로 종이를 생산할 수밖에 없었다. 고려사서에는 인종 23년(1145)에서 명종 16년(1186)에 종이 생산에 필요한 닥나무를 전국에 재배할 것을 명하기도 했다는 기록을 찾을 수 있다.

종이 수요가 더욱 늘어나 국영 조지서를 설치해 제지를 관영화했던 조선시대에는 닥나무 재배에 대한 구체적인 기록을 찾을 수 있다. 즉 태종 20년에는 대호(大戶)는 2백 주, 중호(中戶)는 1백 주, 소호(小戶)는 50주를 밭에 심도록 하고 만일 이를 시행치 않을 시에는 벌을 내린다는 기록이 그것이다. 특히 조선왕조실록에 닥나무와 관련된 내용이 24회나 언급돼있는데 특정 수목에 대한 내용이 이렇게 많이 나타나는 이유도 '문명의 어머니'라고 불리는 종이가 갖는 중요성 때문일 것이다.

○ 질긴 한지의 특성을 통해 기물의 견고함을 살린 민속공예품.

화살도 뚫지 못하는 한지

살아있는 종이, 한지가 천 년을 견뎌내는 이유는 무엇일까? 먼저 선조들이 발달시킨 독특한 제조 기법을 들 수 있다. 전통 한지는 빛과 바람과 습기 같은 자연현상과 친화하는 성질이 있다. 그래서 빛을 그대로 비쳐주고 바람을 통해 주며 습도를 조절해 종이 자체가 신축운동을 한다. 한지를 흔히 살아있는 종이라고 하는 연유도 여기에 있다. 한지가 자연현상에 이처럼 순응하는 성질은 모두 자연에서 얻은 재료로 만들어졌기 때문일 것이다.

한지 재료인 닥나무(섬유)와 나무재나 석회(불순물 제거), 그리고 닥풀(점액)은 모두 천연에서 얻은 것이다. 뿐만 아니라 질 좋은 한지를 뜨는 데는 필수적으로 맑은 물과 풍부한 태양광선도 천연표백제로 필요했다. 이 모든 것들이 살아있는 종이, 한지가 천 년을 견뎌내는 요인이라고 할 수 있다.

한지가 강하다는 사실은 몇 장을 겹쳐 바른 한지로 갑옷을 만든 예에서도 알 수 있다. 옻칠을 입힌 몇 겹의 한지로 만든 갑옷은 화살도 뚫지를 못한다고 한다. 한지가 이렇게 강한 이유는 닥나무 껍질의 인피섬유를 사용하기 때문이다. 닥나무의 인피섬유는 섬유 길이가 10㎜ 내외로, 화학펄프로 사용하는 전나무, 소나무, 솔송나무 같은 침엽수의 섬유 길이(3㎜)나 너도밤나무, 자작나무, 유칼리 같은 활엽수의 섬유 길이(1㎜)보다 훨씬 길다.

한지가 1천수백 년의 수명을 가질 수 있는 또 다른 이유는 독특한 불순물 제거방법이다. 제지과정에서 불순물을 제거하는것은 질 좋은 종이의 생산에 필수적인 과정이다. 제지원료에 들어있는 전분, 단백질, 지방, 탄닌 같은 불순물을 충분히 제거하지 않으면 세월이 흐름에 따라 종이가 변색되거나 품질이 저하되기 때문이다. 한지는 화학펄프에서 사용하는 산성 화학약품을 쓰지 않고, 알칼리성에 비교적 강한 섬유의 특성을 충분히 살려 알칼리성 용재인 나뭇재나 석회를 불순물 제거제로 사용했다. 그래서 한지는 산성을 띤 재래의 펄프지와는 달리, 화학반응을 쉽게 하지 않는 중성지의 성질을 가지게 된 것이다. 신문지나 오래된 교과서가 누렇게 변색되는 이유도 사용된 펄프지가 산성지기 때문이다. 오늘날에도 여러 공정을 거쳐 중성지를 만들어내고 있으나, 비용이 많이 들어 보통의 용도에는 산성지를 쓰고, 고급 용도에만 중성지를 쓰고 있는 실정이다.

한지의 지질을 향상시킨 또 다른 요인은 식물성 풀에서 찾을 수 있다. 한지는 섬유질을 균등하게 분산시키기 위해서 독특한 식물성 풀을 사용했다. 황촉규(닥풀)라는 식물의 뿌리에서 추출된 점제는 한지의 원료에 점성을 갖게 해준다. 그래서 종이를 뜰 때 섬유의 배열을 균일하게 해줄 뿐만 아니라 건조하면 이러한 점성이 거의 소실되는 특성도 있어서 낱장으로 종이를 말리는 데도 안성맞춤이었다. 즉 한지는 닥풀의 뿌리에서 추출된 점액을 사용함으로써 섬유의 배열이 양호해지고 종이의 강도가 증가했으며, 종이의 광택도 좋아졌고, 종이를 얇게 뜰 수도 있었던 것이다.

한지의 우수성은 표백방법에서도 찾을 수 있다. 순백색의 우량 종이를 제조하기 위해서는 잡색을 띤 비섬유물질을 완전히

○ 세계에 자랑할 수 있는 우리의 고인쇄 문화재를 전시한 청주 고인쇄박물관. 세계에서 가장 오래된 금속활자본 직지를 찍은 흥덕사터에 세워져있다.

제거하는 것이 중요하다. 이 과정을 표백이라고 하며 보통 염소계의 산화표백제를 많이 사용한다. 재래한지는 이러한 표백제를 사용하기보다는 오히려 천연표백법을 사용했다. 냇물표백법이 그 대표적인 방법으로, 옛날부터 한지를 생산하는 곳에는 맑은 물이 항상 필요했던 이유기도 하다. 천연표백법은 섬유를 손상시키지 않고 섬유특유의 광택을 유지하면서 그 강인함을 충분히 발휘시킬 수 있기 때문에 1천여 년이 지난 한지가 오늘날까지도 보존되고 있는 것이다.

한지의 질을 더 높인 조상들의 비법은 또 있다. 한지 제조의 마무리 공정인 도침이 바로 그것이다. 도침은 종이 표면을 치밀하게 하고 평활도를 향상시키며 광택이 나게 하기 위해 면풀칠한 종이를 여러 장씩 겹쳐 놓고 디딜방아 모양의 도침기로 골고루 내리치는 공정을 말한다. 이는 무명옷에 쌀풀을 먹여 다듬이질하는 것과 동일한 원리다. 이 도침기술은 우리 조상들이 세계 최초로 고안한 종이의 표면 가공기술이다.

중국산에 밀려나는 전통 한지

　세계에서 가장 오래된 책 직지에 쓰인 우리의 종이, 1천수백 년의 세월을 견뎌낸 우리의 한지는 안타깝게도 점차 사라져 가고 있다. 이 같은 사실은 국내에서 생산되고 소비되는 종이의 양을 산정하는 통계연감에서도 찾을 수 있다. 97년 종이 소비량은 수입 56만 톤을 포함해 6백85만9천 톤이라고 한다. 이렇게 엄청난 종이를 생산해 소비했지만 우리의 한지가 얼마나 생산됐는지에 대해서는 정확한 통계조차 잡혀있지 않다. 한국제지공업연합회나 해당 정부 부서에서 실시하는 통계조사항목에도 한지에 대한 항목은 애초 없는 실정이다.

　또한 90년도까지 3백여 개의 한지공장에서 생산되던 국산 한지는 값싼 중국산 수입한지에 밀려 사양길로 접어들고 있다. 1백여 개의 공장만이 옛 한지의 명맥을 겨우겨우 이어가고 있을 뿐이다. 이와 같은 결과는 산업화와 도시화의 여파로 급격하게 변한 주거 양식 때문일 것이다. 즉 한옥이 헐리고 아파트가 들어섬에 따라 창호지와 장판지는 유리와 비닐로 대치됐고, 한지는 더욱 발붙일 곳을 잃어갔던 것이다.

　한지에 대한 수요가 급감함에 따라 이 땅에 자라던 닥나무도 점차 사라져 가고 있다. 농가에서는 겨울철 농한기에 벤 닥나무 껍질을 다듬어서 한지공장에 공급해주고, 한해 필요한 종이를 얻어 썼다. 그러나 닥나무 껍질을 수매하던 한지공장이 없어지니 농가에서는 더 이상 닥나무를 재배할 필요가 없어졌고 필요한 종이는 구입해 쓰게 됐다. 그나마 몇 남지 않은 한지공장들도 국산 피닥(닥나무 껍질)을 구할 수 없어 값싼 동남아산 닥나무 껍질을 수입해 한지를 제조하고 있는 실정이다. 겨레의 자랑스러

○ 실내가 습하면 습기를 빨아 들이고, 건조하면 품고 있는 습기를 내뿜는 한지의 특성을 이용한 한지벽지는 아파트에서 인기를 얻고 있다.

운 문화유산인 한지를 살리기 위해 우리 모두 심각하게 궁리해야 할 때다.

한지 한 장에 필요한 닥나무의 양은?

10kg짜리 생닥나무의 줄기를 벗겨서 그늘에 말리면 2kg의 흑피를 얻을 수 있고, 이 흑피를 삶고 말리고, 씻은 후 건조해 얻는 백피의 양은 1kg이다. 백피 1kg에서 5장(60×90cm)의 한지를 얻을 수 있다고 한다. 즉 1년생 생닥나무 줄기 2kg마다 한지 1장을 얻을 수 있다는 계산이다.

이러한 공식을 대입하면 조선시대에는 얼마나 많은 양의 닥나무가 필요했는지 추정할 수 있다. 조선 영조 때의 인구수 1천8백28만여 명(총 호구수 7백21만 호)을 기준으로 삼아 닥나무의 수요량을 계산하면 다음과 같다. 한해 의식주 생활에 필요한 최소한의 한지를 1인당 5장이라고 가정하면, 약 1억2천만kg의 생닥나무가 필요했을 것이다. 이 양은 한 그루터기에서 10여 개의 줄기(줄기 당 무게 약 1kg)를 가진 닥나무 1천2백만 그루가 매년 종이 생산에 사용됐음을 뜻한다. 그러나 실제로는 훨씬 더 많은 양의 한지가 생산됐을 것이기에 더 많은 닥나무가 재배됐을 것이다. 조선시대 지장(종이 장인)의 수가 한때 7백5명에 달해, 각종 제조분야에 종사하는 장인 총수의 22.5%를 차지했다는 기록처럼 종이생산은 매우 중요한 국가적 사업이었다.

Cross Words Puzzle

탐구마당
사이언스 십자말 풀이

가로열쇠

① 유전 정보를 담고 있는 물질. 디옥시리보 핵산의 영어 약자.
② 원자번호 1번인 가장 가벼운 원소, 광합성 과정에서 탄소를 환원시키기 위해 필요하다.
③ 식물의 생장이 기체와 관련이 있다는 것을 입증한 사람.
④ 식물의 잎에서 태양 빛을 흡수하는 황색의 보조색소.
⑤ 식물의 광합성을 통해 만들어진 포도당, 녹말과 같이 생물체에서 발견되는 물질로 탄소를 포함하고 있다.

세로열쇠

① 소쉬르와 함께 프리스틀리의 실험이 빛이 있는 조건에서만 가능하다는 것을 밝힌 사람.
② 생물체 내에서 에너지를 전달하는 에너지 전달자. 광합성과 호흡과정에서 만들어진다.
③ 벼과의 한해살이 밭작물로 잎은 크고 길며 낟알이 줄지어 배게 박힌 열매를 맺는데 낟알은 먹거나 사료로 쓴다.
④ 할로박테리움이 갖고 있는 자줏빛 색소.
⑤ 바바라 맥클린토크가 옥수수의 연구를 통해 밝힌 유전자.
⑥ 일정한 부피와 모양 없이 자유롭게 이동하며 압축되거나 확산되기 쉬운 물질의 상태.

서바이벌 퀴즈

- 전통 한지의 제조에 사용한 나무의 이름은?
- 전통 한지를 살아있는 종이라고 부르는 이유는?
- 숲에 길을 만들면 숲을 파괴하게 될까?
- 딸을 낳으면 오동나무를 심는 이유는 무엇일까?
- 한국을 대표하는 옻칠공예에는 무엇이 있을까?

Survival Quiz

5 생활 속의 식물

문화

인류와 함께 생활해온 식물.
솔잎과 송편에 대해 알아보고,
닥나무와 전통한지, 숲과 관련해
우리가 알아두어야 할 것과
옻칠에 대해서도 알아보자.
그리고 식물과 관련된 속담이
많다는데…

1 솔잎의 항균작용
솔잎 넣고 송편을 찌는 뜻은

2 숲을 제대로 알자
숲에 대한 잘못된 상식들

3 식물 속담
나름대로 이유가 있다

4 옻칠과 황칠
식물에서 얻은 불멸의 도료

식물, 그린의 마술사

솔잎 넣고 송편을 찌는 뜻은

솔잎의 항균작용

plant

추석 송편을 찔 때 솔잎을 깔고 덮는 것은 익히 보아온 풍경이다. 그러나 솔잎의 향긋한 냄새가 배게 하기 위한 것쯤으로 생각해 왔던 이 행동에도 우리 선조들의 놀라운 지혜가 배어있다는 것이 최근 과학적으로 판명됐다.

세균 죽이는 솔잎 향

추석 전날에 온 가족이 둘러앉아 송편을 빚는데, 처녀 총각들은 여간 정성이 아니다. 송편을 예쁘게 만들면 배우자가 예쁘고, 볼품없이 빚으면 신랑신부 될 사람의 미모도 볼품이 없다는 어른들의 말 때문이다. 이는 "밤에 손톱 깎으면 복 달아난다"는 말처럼 생활의 바른 자세를 자연스레 가르치려는 어른들의 지혜일 것이다.

또 임신한 부인들은 송편에 솔잎 한 가닥을 가로로 넣어 쪘다. 송편은 아이의 성별을 알려주는 삼신할머니의 메시지였다. 찐 송편을 한쪽으로 베어 물어, 문 부분이 솔잎의 끝 쪽이면 아들이요, 잎 꼭지 쪽이면 딸이라고 했다. 솔잎이 과학적인 성별 진단 시약은 아니었지만, 아들 못 나오면 겪게 될 시집살이가 두려웠기 때문이 아니었을까. 송편에 담아놓은 우리 조상들의 사연이 이렇듯 소박하고 안타까웠다.

송편을 찔 때는 솔잎을 먼저 시루에 깔아 시루 구멍을 덮고 그 위에 송편을 한 줄 놓는다. 다시 솔잎 한 줄 송편 한 줄 하면서 차곡차곡 놓는다. 아마도 송편의 '송' 자가 소나무 송(松)인 이유가 솔잎을 넣고 찌기 때문일 것이다. 그런데 향긋한 솔잎 향을 배게 해서 맛깔을 더해보려는 지혜쯤으로 생각돼왔던 솔잎 송편이 기실 더 깊은 과학에 바탕하고 있었다는 것이 최근에야 밝혀졌다.

식물은 다른 미생물로부터 자기 몸을 방어하기 위해 여러 가지 살균물질을 발산하는데, 이를 통칭해 피톤치드(phytoncide)라고 한다. 피톤치드는 공기 중의 세균이나 곰팡이를 죽이고, 해충, 잡초 등이 식물을 침해하는 것을 방지한다. 또한 인간에 해로운 병원균을 없애기도 하는데, 백일해 병실 바닥에 전나무 잎을 흩어놓으니 공기 중의 세균량이 10분의 1까지 감소됐다는 보고가 있다. 그리고 결핵균이나 대장균이 섞여있는 물방울 옆에 상수리나무의 신선한 잎을 놓으니, 몇 분 후 이 세균들이 모두 죽어버렸다고 한다.

> ● **백일해(百日咳)**
> Pertussis라고도 하며, 전염력이 높은 급성 호흡기 질환이다.
> 발작적인 기침에 이어 깊이 숨을 들이쉬며, 맑고 끈끈한 가래를 뱉고 가끔 구토증세를 나타낸다. 1주일 정도의 잠복기가 지나면 보통 카타르 증상(밤에 심해지는 짧고 마른 기침)이 나타나는데, 1~2주일 정도 카타르 증상이 계속된 뒤 약간의 차이는 있지만 일반적으로 4~6주일 정도 지속되는 발작 기간으로 접어든다.
> 심각한 합병증으로 기관지폐렴과 질식이 있으며, 때로는 발작과 뇌 손상을 일으키기도 한다.
> 전세계적으로 퍼져있으며 특히 어린이에게 흔히 나타나는 질환이다.

식물, 그린의 마술사

우리 조상들이 싱싱함을 보존하기 위해 생선회를 무채 위에 담고, 구더기를 없애려고 화장실에 할미꽃 뿌리나 쑥을 걸어두고, 바퀴벌레를 쫓기 위해 은행나무 잎을 집안 구석에 두었던 것들도 알고 보면 모두 피톤치드를 이용한 지혜였다. 솔잎으로부터 피톤치드를 빨아들인 송편에는 세균이 범접하지 못해 오래도록 부패하지 않고 먹을 수 있었으니, 실로 과학적인 원리를 잘 이용한 것이 솔잎 송편이었던 것이다.

숲 속의 많은 나무들이 저마다 피톤치드를 내는데, 그 중에서 소나무는 보통나무보다 10배 정도나 강하게 발산한다고 한다. 옛 어른들이 "퇴비는 소나무 근처에서 만들지 않는다"고 한 것도 소나무의 항균작용이 너무 강해 퇴비에 유익한 미생물까지 죽여 버리기 때문이다. 이쯤되면 송편 시루에 다른 잎이 아닌 소나무 잎이 들어간 이유를 알 것이다.

나쁜 귀신은 접근 못해

그렇다면 소나무가 예로부터 잡귀를 쫓는 정화의 상징으로 생각돼왔던 이유도 석연해진다. 제사를 지내는 신당은 물론, 제수를 준비하는 도가집, 공동우물, 마을 어귀 등에는 금줄을 치는데, 금줄에는 백지조각이나 소나무 가지를 꺾어 꿰어둔다. 아이를 낳았다는 표시로 치는 금줄에도, 장을 담글 때 장독에도 솔가지가 꿰어졌고, 무덤가에 빙 둘러 도래솔을 심은 뜻도 모두 잡귀의 침입과 부정을 막으려는 것이었다. 홍만선이 '산림경제'에서 "집 주위에 소나무와 대나무를 심으면, 생기가 돌고 속기(俗氣)를 물리칠 수 있다"고 한 것도 같은 의미에서였다. 그리스 신화에서는 솔방울을 쥐고 있던 디오니소스가 괴물 타이탄에게 먹혔

🔴 소나무는 항균작용이 매우 강해, 옛 어른들은 "소나무 밑에서 퇴비를 만들지 않는다"고 했다.

다가 다시 소생하는데, 서양에서도 소나무가 잡스러움을 물리치는 정화된 힘과 생식을 상징한 것은 흥미로운 일이다.

피톤치드는 특히 편백나무, 잣나무, 소나무 등 침엽수에서 많이 발산되는데, 향기가 좋고, 살균성, 살충성이 있을 뿐 아니라, 인체에 독특한 작용을 한다. 피톤치드에는 $C_{10}H_{16}$, $C_{16}H_{24}$, $C_{24}H_{32}$ 등 테르펜으로 통칭되는 다양한 화학성분들이 복합돼있어 이들이 진통작용, 구충작용, 항생작용, 혈압강하, 살충작용, 진정작용 등을 하는 것으로 밝혀졌다. 테르펜은 사람의 자율신경을 자극하고 감정을 안정시키며, 내분비를 촉진할 뿐만 아니라, 감각계통의 조정 및 정신집중 등에 좋은 작용을 하는 '숲 속의 보약'

이라고도 불린다. 테르펜이 동물의 스트레스와 관련된 몸 속의 코르티솔의 농도를 현저하게 낮춰주는 효과가 있는 것이 실험으로 확인됐다.

그러니 환자들의 요양소가 왜 늘 숲 속이나 숲에서 가까운 곳에 있어야 하는지도 설명이 된다. 중년의 어른들이 부르는 유행가 중에 "아무도 날 찾는 이 없는 외로운 이 산장에… 병들어 쓰라린 가슴을 부여안고, 나홀로 재생의 길 찾으며 외로이 살아가네"하는 '산장의 여인' 이라는 노래가 있다. 와병 중인 노래의 주인공이 왜 '산장' 의 여인일 수밖에 없는지, 그리고 머물렀던 산장 주변에는 분명히 소나무가 많았을 것은 짐작하고도 남음이 있다.

향기나는 나무

테르펜 성분을 많이 내는 소나무는 그 쓰임새가 참으로 많다. 도가나 불가의 선식에는 솔잎이 필수품이었다. 선승들이 좌선수행을 할 때 종종 다른 음식을 전혀 먹지 않고 솔잎가루와 콩가루를 섞은 것을 한 줌 털어 넣고 물만 마시는데, 그래도 몸이 가벼워지고 머리가 맑아지며, 힘이 생기고 추위와 배고픔도 모른다고 한다. 신경통이나 풍증을 치료할 때는 한증막에 솔잎을 깔고 솔잎 땀을 흘린다. 특히 솔잎이나 솔뿌리를 삶은 물로 목욕을 하면 젊어진다고 하는데, 혹자는 이것이 솔잎에 함유된 옥시팔티민이라는 성분 때문이라고 한다. 예부터 소나무 숲의 샘물은 불로묘약이라 해서 임금님의 수라상까지 올랐던 것도 그 때문이 아닐지 모르겠다.

식물, 그린의 마술사

숲을 제대로 알자

숲에 대한 잘못된 상식들

일제의 수탈과 전쟁통의 혼란으로 헐벗었던 우리의 숲은 단 30년 만에 울창한 모습으로 탈바꿈했다. 이제 우리에게 남은 의무는 이 숲을 제대로 돌보는 일이다. 이를 위해서는 우리 숲에 대한 잘못된 상식부터 고쳐나가야 한다.

복구된 우리 숲은 한민족의 자존심

우리가 세계를 향해 자신 있게 자랑할 수 있는 것이 하나 있다. 바로 우리에게 숲이 있다는 사실이다. 더 정확하게 표현한다면, 황폐된 국토를 다시 푸르게 복구시킨 숲을 가지고 있다는 사실이다. 우리의 앞선 세대가 합심해 지난 30여 년 동안 약 1백억 그루의 나무를 심은 결과, 일제의 식민지 수탈과 한국 전쟁 전후 사회적 격동기의 와중에 헐벗을 수밖에 없었던 우리의 숲은 다시 푸르러졌다.

세계 문화사를 되돌아볼 때 황폐된 숲을 완벽하게 복구시킨 예는 흔한 일이 아니다. 엄격하게 말해서 2백 년 전에 국토를 녹화시킨 독일과 금세기 후반의 우리만이 이 과업을 달성했다. 이 한 가지만으로도 우리 국민은 세계문화사에 큰 족적을 남긴 민족이라는 자긍심을 가지기에 충분하다.

세계적인 자랑거리로 우리의 숲을 들먹이는 것은 결코 자화자찬이 아니다. 숲을 다루는 행정부처나 이 분야의 학문을 전공하는 학자들의 입으로 퍼진 '물타기식' 홍보는 더더욱 아니다. 녹화 성공의 기적 같은 얘기는 오히려 국제기구나 외국의 저명 언론을 통해서 거꾸로 국내에 전해졌다. 그러기에 더욱 값진 자랑거리인 것이다.

UN 식량농업기구는 우리의 국토녹화 성공사례를 전세계에 소개했다. 그것도 개발도상국 중에서 가장 모범적인 사례로 "한국은 제2차 세계 대전 이후 최단시일 내에 국토를 완전히 녹화시킨 경이로운 국가"라는 칭찬과 함께. 그뿐 아니다. 2백 년 역사의 임업선진국 독일은 "선진 임업기술을 제공한 수많은 나라들 가운데 한국만이 경영기반이 될 푸른 숲을 되찾은 유일한 나라"라고 외국에 소개하고 있다. 한국의 녹화 성공은 '한강의 기적 중의 기적'이라고 대서특필한 외국의 신문보도도 있었다.

그러나 어렵게 녹화시킨 우리의 숲은 자원으로서의 기능은 물론이고, 환경을 유지하는 환경지지체로서의 기능조차 충분히 발

◐ 경기도 포천의 소나무와 잣나무 인공림. 벌거숭이 산을 푸르게 변모시켰다고 자랑하는 데 그치지 말고 이제는 제대로 된 관리가 필요한 때다.

휘하지 못하고 있다. 그 근원적인 이유는 심은 지 30여 년이 채 안 된 어린 나무들로 구성된 우리 숲의 구조적인 문제 때문이다.

독일의 경우 1ha(헥타르, 1만m^2)당 2백m^2 이상의 산림축적을 가진 데 비해 우리는 겨우 50m^2에 불과하다. 사정이 이러하니 경제적 수익을 얻기 위해 경영할 만한 숲이 많지 않은 것은 당연하다. 한국전쟁 직후 1ha당 7m^2의 축적을 가진 민둥산이 이만큼이나 불어나게 된 것에 감사해야 할 형편이다.

취약한 우리 숲의 구조보다 더 심각한 문제는 숲을 대하는 우리 각자의 마음가짐이다. 우리 국민은 숲에 대한 관심이 없다. 돈벌이를 위한 땅투기의 수단이나 여가와 휴양을 위한 공간으로

만 생각할 뿐 목재생산이나 환경지지체로서 숲이 가진 원래의 역할과 효능에는 무관심하다. 뿐만 아니라 숲에 대한 잘못된 상식이 진실처럼 통용돼 옳게 숲을 가꾸는 데 장애가 되고 있다. 지금부터 가장 대표적인 세 가지의 오도된 상식이 어떤 문제를 가지고 있는지 살펴보자.

잘못된 상식 1 – 우리 숲엔 쓸모없는 나무뿐

우리 산하에 자라는 나무들 중 쓸모없는 나무로 지목되는 대표적인 수종이 아카시나무(아카시아라고 잘못 알려진)다. 이 나무는 다른 종류의 식물들이 제 영역 안에서 쉽게 자랄 수 없도록 강한 독성물질을 분비한다. 뿐만 아니라 뿌리에서 줄기가 될 눈을 만들어 새로운 개체로 번식할 수 있다. 그래서 줄기를 잘라내도 땅 속에 남아있는 뿌리에서 계속 새 줄기를 만들어낸다.

이처럼 다른 식물을 몰아내는 특성과 왕성한 번식력 때문에 아카시나무는 우리 숲을 오히려 파괴하는 나무로 알려져있다. 특히 이 나무는 사람의 왕래가 잦은 큰 도시나 마을 주변의 산에 무리지어 자라고 있기 때문에 온 국토가 나쁜 나무로 점차 잠식돼가는 것처럼 보이기도 한다. 그러나 아카시나무는 그렇게 몹쓸 나무도 아니며 전국토를 잠식하고 있는 것도 아니다.

이 세상에 쓸모없는 나무란 없다. 오리나무와 더불어 이 나무의 뿌리에는 질소고정균이 있어서 한때 사막같이 헐벗었던 민둥산을 효과적으로 녹화시켰고 황폐지의 산림토양을 개량하는 데도 일등공신 노릇을 했다. 게다가 아카시나무의 꽃은 한해 약 1천억 원 이상의 수입을 양봉농가에 안겨주는 중요한 밀원이기도 하다.

🔺 우리의 숲이 이만큼 복원된 데는 개발독재시대의 밀어붙이기식 식목정책에 힘 입은바 크다. 이같은 정책은 때마침 연탄의 등장으로 더 이상 나무를 땔감으로 사용하지 않게 된 시점과 맞아떨어지면서 세계가 깜짝 놀랄 녹화사업의 성공으로 이어졌다.

또 아카시나무는 연탄이 보급되기 전에는 땔감을 공급하는 연료림의 구실도 톡톡히 해냈다. 인가 주변에 특히 이 나무가 많은 이유도 연료채취로 황폐된 도시 주변의 산에 집중적으로 심었기 때문이다. 그래서 인가가 드문 깊은 산에서는 아카시나무를 쉽게 찾을 수 없다.

복구된 우리 숲은 아직 1세대도 지나지 않았다. 그리고 아카시나무나 오리나무 같은 사방(砂防)수종만이 사막 같은 헐벗은 산에 적응해 살 수 있었기에 이들 나무들을 심을 수밖에 없었던 사실을 기억해야 한다. 또 이들 사방수종이 산림토양을 비옥하게 만들어주었기에 오늘날 경제수종을 가꿀 수 있는 형편이 됐다는 사실도 잊지 말아야 한다. 분명한 사실은 우리 숲도 독일처럼 2백여 년 길러내면 쓸모 있는 나무들이 가득찬 훌륭한 숲이 될 것이라는 사실이다. 옳은 숲은 하루아침에 만들어지지 않는다.

잘못된 상식 2 – 더 이상 숲에 투자할 필요가 없다

우리 국민 대부분은 숲에 대한 투자를 불필요하고 무의미한 일로 치부하고 있다. 숲에 대한 철학도 없고, 숲의 중요성을 인식하지 못하기는 위정자나 정치인 역시 마찬가지다. 그러나 이런 잘못된 선입관은 숲의 특성을 충분히 인식하지 못하기 때문에 생긴 것이다.

엄밀한 의미에서 숲은 지상에서 유일하게 재생 가능한 자원이다. 옳게 가꾸고 현명하게 이용하면 영원히 쓸 수 있는 귀중한 자연자원이다. 또한 숲은 환경을 유지하는 기능도 함께 보유하고 있다. 다시 말해 숲은 이산화탄소를 흡수해 몸체를 키워가는 공기 청정기이자 탄소 통조림 공장인 것이다. 그리고 이 자연공장이 원활하게 가동되기 위해서는 적절한 투자가 필요하다.

산림학자들은 선진 임업기술을 동원해 우리 숲을 집약적으로 경영할 경우 자연상태로 방치했을 때보다 3배 이상의 경제기능을 발휘할 수 있다고 말한다. 그러나 더욱 중요한 것은 앞으로의 산업발전에 따라 온실가스 배출량이 느는 것과 밀접한 관련이

식물, 그린의 마술사

🔴 독일의 세계에 자랑하는 인공 숲 흑림. 한때 우리의 민둥산과 크게 다르지 않게 황폐했던 것을 이처럼 푸르게 변모시켰다.

있으며, 그 해결책의 중심에는 산림이 있다는 사실이다.

1997년 말 일본 교토에서 폐막된 기후협약 제3차 당사국 총회의 주요 의제는 온실가스의 강제적인 배출감소였다. 비록 개발도상국에 대한 탄산가스 배출감축계획이 당장은 미뤄졌지만 우리가 안심할 처지는 못된다. 우리의 에너지 고소비 산업구조가 하루아침에 에너지 저소비 구조로 전환될 수는 없기 때문이다. 또한 OECD에 가입하고 개발도상국의 선두주자로 취급받고 있는 우리들 앞에는 가까운 장래에 다른 선진국들처럼 강제적인 탄산가스 배출감소 의무가 주어질 것이기 때문이다.

우리 산업의 근간은 중화학공업이다. 그래서 앞으로 10년 동안 탄산가스 배출량이 지금보다 배 이상 늘어날 것이라고 한다. 이러한 증가 추세는 거의 정지 상태에 있거나 감소 중인 선진국의 온실가스 배출량과 비교할 때 치명적이다. 특히 에너지의 80% 이상을 화석연료에 의존할 수밖에 없는 우리에게 만일 구속적인 온실가스 배출감소 의무가 주어진다면 지난날과 같은 높은 경제성장은 더 이상 기대할 수 없다.

그래도 한 가지 다행스러운 일은 교토협약에서 각국이 보유한 산림이 흡수하는 온실가스량만큼 배출량에서 삭감해주는 순배출 제도가 합의된 사실이다. 그래서 앞으로의 경제발전 속도는 국토의 3분의 2를 차지하는 우리 산림이 흡수하는 탄산가스의 양에 달려있다고 해도 과언이 아니다. 숲을 집약적으로 경영하면 탄소 저장 효과를 20%나 더 증대시킬 수 있다고 한다. 숲을 옳게 가꾸고 지키기 위한 투자가 필요한 이유가 여기에 있다.

잘못된 상식 3 – 숲길을 내는 것은 환경파괴다

지금 우리 숲은 사람의 손길을 기다리고 있다. 지난 30여 년 동안 심었던 나무들은 덩치가 커져서 이웃 나무의 가지들이 서로 맞닿아있다. 솎아주지 않은 빽빽한 숲은 병충해나 산불의 피해를 받기 쉽다. 충분히 자랄 수 있는 공간을 만들어주기 위해서 콩나물처럼 촘촘하게 심겨진 나무를 솎아줘야 한다.

그러나 어렵게 녹화시킨 우리 숲은 이제 가꿀 때가 되었지만, 예산도 충분하지 않고 가꿀 사람도 없다. 산림에 기대 살아왔던 농촌 주민들이 산업화의 여파로 모두 도시로 떠나고 없기 때문이다. 이를 보완할 수 있는 방법은 숲을 가꾸고 지키는 데 필요한 노동력을 임업기계를 투입해 대신 하도록 하는 것이다. 그러

○ 간벌 작업 모습

나 임업기계의 투입마저 길이 갖춰져있지 않아 어려운 실정이라고 한다.

숲을 옳게 보호하고 건강하게 관리하기 위해서는 숲길을 내는 것이 선결 과제다. 환경보호 정책이 가장 앞선 독일도 숲을 가꾸기 위해서 ha당 40m의 숲길을 가지고 있다. 그런데 겨우 1m의 숲길을 가지고 있는 우리는 숲길을 만들 때마다 환경단체를 위시한 시민사회단체의 반대에 직면하곤 한다.

대부분의 시민환경단체는 숲길을 내는 것을 환경을 파괴하는 일로 치부하고 있다. 이런 잘못된 인식은 잘못된 숲길 공사 때문이다. 정부의 불충분한 예산은 환경친화적으로 숲길을 내기보다 산을 깎고 계곡을 메워서 무리하게 숲길을 낼 수밖에 없도록 만들었다. 결국 시민사회단체는 숲길을 내는 데 적정한 단가를 지원하지 않는 우리의 현실을 무시하고, 눈에 보이는 지엽적인 훼손현장만을 부각시키고 있는 셈이다.

숲길을 내는 데 필요한 적정한 사업비를 정부에 요구하는 것이 환경자원으로서 숲의 기능을 더욱 증진시키는 일임을 인식하고, 더 많은 숲길을 내는 것이 숲이 가진 환경적기능을 더욱 증진할 수 있는 길임을 우리 모두 새롭게 깨달아야 한다.

잘못된 상식 4 - 가능한 한 나무는 베어서는 안 된다

우리들 대부분은 나무를 베어 쓰는 것은 환경파괴라고 알고 있다. 그러나 이것은 열대림과 온대림을 구분하지 못한 결과다. 열대림은 한번 파괴되면 토양생산성이 떨어져 복구가 어렵고, 결국 쓸모없는 젖은 사막으로 변해 사막의 확산, 토양유실의 증대와 더불어 지구온난화 같은 심각한 환경문제를 야기할 수 있다. 그래서 열대림의 나무는 가능하면 베지 말아야 한다.

그러나 온대림의 경우는 사정이 다르다. 온대림의 토양은 열대림에 비해 환경적응력이 강하기 때문에 베어낸 자리에 적절한 방법으로 나무를 다시 심고 잘 가꾼다면 숲의 생산성을 유지할 수 있다. 뿐만 아니라, '가꾼 숲'이 '가꾸지 않은 숲' 보다 경제적 기능은 물론이고 환경적 기능을 훨씬 더 많이 발휘한다. 물론 이러한 숲 가꾸기는 반드시 전문가에 의해 행해져야 한다.

숲 가꾸기에 대한 잘못된 상식 중 대표적인 것이 간벌(나무를 솎아서 베어주는 것)이 산사태를 일으킬 수 있다는 것이다. 그러나 이는 잘라진 나무만 보는 근시안적인 소견이다. 제때 간벌해준 숲은 그렇지 않은 숲보다 2~3배나 더 빠른 부피생장을 한다. 간벌 후 남아있는 나무들의 생육환경이 더 좋아지기 때문이다.

우선 더 많은 태양광선을 받아 광합성이 촉진되고, 이웃나무와 간격이 넓어져서 더 많은 물과 영양분을 흡수할 수 있게 된다. 줄기와 가지의 생장이 촉진됨은 물론이고 뿌리의 생장도 왕

◐ 간벌작업의 유무에 따라 임목의 생장은 엄청나게 변한다(잣나무 25년생 줄기의 부피 생장 비교).

성해져서 더 많은 잔뿌리들이 자라게 된다. 뿌리 발달이 촉진되면 흙 알갱이를 붙잡는 힘도 더욱 세어지게 마련이다. 임업연구원의 연구결과에서도 간벌한 숲이 간벌하지 않은 숲보다 산사태 방지와 빗물저장능력이 더 뛰어난 것으로 나타났다. 간벌이 오히려 산사태를 예방할 수 있다는 좋은 증거인 셈이다.

또한 세간의 상식과는 달리 전혀 간벌을 하지 않는 것이 오히려 환경을 해치기도 한다. 가꾸지 않은 숲은 대부분 단일 수종의 단층림(單層林)으로, 가지와 잎이 우거져있어 숲 바닥에는 햇빛이 거의 미치지 못하므로 바닥에는 작은키나무(관목)나 풀들이 잘 자랄 수 없다.

그러나 간벌로 나무들을 솎아내주면, 숲이 열리고 햇빛이 바닥까지 들게 돼 토양온도가 상승하고 미생물의 활동이 왕성해진다. 이로 인해 숲 밑에 쌓여있던 나뭇잎 등이 썩기 시작해 좋은 비료로 재순환되고, 흙뿐이던 숲 바닥에 새로운 식물들이 생겨난다.

이렇게 하층 식생이 생겨나면 습도가 높아져 나무들에게 더욱 적합한 생육 조건이 되며, 지역에 맞는 자생 활엽수가 자랄 수 있는 환경이 된다. 따라서 결국엔 더욱 건강한 숲으로 성장하게 돼 생태적으로도 훨씬 건전해진다.

숲에 대한 이 모든 편향된 시각을 바로잡기 위해서는 따뜻한 관심과 지속적인 애정이 필요하다. 국민의 관심이 우리 산림으로 모아질 때 애써 녹화시킨 우리의 숲은 목재생산의 경제적 기능과 환경지지체로서의 공익적 기능을 충분히 발휘할 수 있는 자원으로 되살아날 수 있다.

아침에 눈을 뜨면 우리는 더욱 악화된 대기오염과 물사정에 대한 기사들을 만나고 있다. 나무와 숲은 인간의 의식주에 필요한 귀중한 자원을 지속적으로 제공해줄 뿐만 아니라, 이 지구상에 살고 있는 모든 생명체의 생존에 필수적인 산소와 물을 공급해준다. 아울러 숲은 생태계의 질서를 정상적으로 유지, 지탱시켜주는 중심역할을 하기 때문에, 우리의 자연환경을 개선하고 더 이상 악화되지 않도록 해준다. 이런 이유로 숲을 가꾸고 지키는 일은 날로 심각해져가는 환경문제를 해결할 수 있는 몇 안 되는 대안이라고 할 수 있다.

앞선 세대가 심은 1백억 그루의 나무를 기억하면 우리도 다음 세대를 위해서 숲을 가꾸고 지키는 일을 멈출 수 없을 것이다. 자원으로서의 가치 창출은 물론이고, 자연환경을 지탱하는 생태적 중심체로서의 역할을 다할 수 있도록 해야 한다.

⊙ 솎아주기를 해주지 않은 인공림의 숲 바닥에서 하층식생을 찾기란 쉽지 않다.

식물, 그린의 마술사

식물 속담

나름대로 이유가 있다

plant

식물과 관련된 속담이나 이야기를 접할 때 '왜 하필 거기에 빗 댈까'라는 의문을 가져본 적이 있을 것이다. 하지만 그런 이야기는 '그냥' 생겨난 게 아니다. 과학적으로 충분히 따져볼 수 있는 나름의 근거를 갖고 있다.

사시나무 떨듯 떤다

누군가 심한 공포나 두려움으로 온몸을 벌벌 떨고 있을 때, 또는 추위로 인해 이빨이 부딪칠 만큼 떨릴 때 우리는 흔히 '사시나무 떨듯 떤다'는 표현을 쓴다. 왜 하필 사시나무에 비유하는 것일까.

 사시나무 잎의 구조를 들여다보면 이 표현이 너무도 잘 이해가 된다. 일반적인 잎의 구조에서 잎몸과 줄기를 연결하는 잎자루는 잎몸 하단에 짧게 붙어있다. 하지만 사시나무는 다른 나무보다 길다랗고 가는 잎자루를 갖고 있으며, 사시나무의 잎은 이런 잎자루의 끝자락에 '탄력적으로' 매달려있다. 결국 미풍이나 산들바람에도 파르르 떨며, 센바람은 물론 약간의 바람에도 심하게 흔들리는 것이다.

○ 사시나무의 잎은 가늘고 길다란 잎자루 끝자락에 매달려있기 때문에 산들바람에도 파르르 떤다.

 잎자루의 이러한 구조는 사시나무의 생존을 위한 것일 수도 있다. 보통 사시나무가 자라는 곳은 햇빛에 많이 노출된 지역이다. 따라서 한낮 동안 잎의 온도는 쉽게 상승하기 마련이고 잎의 양도 많기 때문에 '달궈진 몸'을 식히기 위해 많은 양의 물을 소비해야 한다. 결국 약한 바람에도 흔들리는 잎은 과도하게 달궈진 잎의 열을 식히는 동시에 뿌리로부터 잎으로 물을 끌어들이기 위한 생존의 한 방식이 아닐까.

거목 밑에 잔솔 크지 못한다

 훌륭한 부모 밑의 자식이 되레 치여서 잘 되지 못할 경우, 또는 뛰어난 연장자 밑에서 일하는 사람이 빛을 발하지 못할 경우를 빗대 '거목 밑에 잔솔 크지 못한다'는 말을 한다. 왜 이런 말이 생겨났을까. 큰 나무의 그림자가 햇빛을 가려서 잔솔의 생장을 방해하는 것일까.

 식물의 뿌리에서 나오는 독성 화학물질에서 그 해답을 찾아낼 수 있다. 마치 동물이 소변이나 몸의 분비물질을 이용해 자기의 영역을 표시해놓으려는 것처럼, 식물도 일종의 자기 영역을 형

식물, 그린의 마술사

○ 쑥 종류의 식물은 건조하고 척박한 땅에 습하고 기름진 옥토로 변화시켜 새로운 숲의 탄생을 도모한다.

성하려는 행동의 일환으로 뿌리에서 화학물질을 분비한다.

예를 들어 가래나무나 소나무는 스스로 설정한 영역 안에서 딴 식물이 자라나지 못하도록 '갈로탄닌'이라는 화학물질을 뿌리에서 분비해낸다. 이 물질의 독성은 주변에 있는 다른 식물들의 발아를 억제하고 생장을 저해시키는 역할을 한다. 하지만 큰 나무를 베어내고 나면 어느새 수많은 식물들이 싹을 틔운다. 평화롭고 조용히 세상을 살아가는 듯한 식물들도 사실은 보이지 않는 곳에서 자신의 영역을 확보하기 위한 일종의 전쟁을 치르고 있는 것이다.

쑥대밭이 됐다

방안이 난장판일 때 우스갯소리로 '내 방 쑥대밭 됐어'라는 표현을 쓴다. 쑥대밭은 왜 망가지고 폐허가 됐다는 의미로 쓰이는 것일까.

쑥은 강한 생명력의 상징이다. 양지바른 풀밭에서 잘 자라나지만, 건조하거나 추운 날씨에도 잘 적응한다. 이런 이유로 쑥은 빈 공터나 휴경지에서 쉽게 발견할 수 있다. 히로시마에 원자폭탄이 투하된 뒤에도 가장 먼저 돋아난 것이 바로 쑥이었다고 한다. 쑥이 버려진 땅, 폐허의 땅에 가장 먼저 뿌리를 내린다고 해서 쑥대밭이라는 용어가 생겨난 것이다.

하지만 쑥의 진수는 이때부터 발휘된다. 불모지에 뿌리를 내린 후 주위의 수분을 흡수해 습한 환경을 꾸미고 자신의 사체를 드리움으로써 땅에 양분을 공급한다. 쑥은 스스로 만든 환경에서는 결국 오래 버티지 못하고 다른 식물들에게 자리를 내어주는 특성이 있다. 건조하고 척박한 땅이 쑥대밭이 된 후에 새로운 세상으로의 변화를 꿈꿀 수 있는 것이다. 폐허 후 희망을 꿈꾸는 것은 바로 이런 쑥의 역할을 기대하기 때문일까.

딸을 낳으면 오동나무 심는다

'딸을 낳으면 오동나무를 심는다'는 옛말이 있다. 딸과 오동나무 사이에는 어떤 사연이 있기에 그런 말이 생겨난 것일까.

오동나무의 쓰임새를 들여다보면 고개가 끄덕여진다. 오동나무는 함이나 장롱 등의 가구를 짜기에 제격이다. 재질이 연하고 가벼울 뿐만 아니라 휘거나 트지 않으며, 곰팡이나 세균이 생기지 않고 습기에도 잘 견디기 때문이다. 실제로 오동나무는 장롱뿐만 아니라 국가의 중요문서를 기록한 보존서의 보존함으로 애용되고 있으며, 음색의 변함이 없어 가야금, 거문고 등 국악기의 재료로 쓰일 만큼 요긴하다. 또한 오동나무는 다른 나무에 비해 생장이 매우 빠른 대표적인 속성수에 해당한다. 우리나라와 같이 목재의 절대량이 부족한 경우 많이 심으면 조림의 확대에 '효

○ 죽순은 한 달 만에 무려 5~6m까지 자란다. '대밭에서 쉴 때 죽순에 모자를 걸어놓지 말라'는 말도 죽순의 이 빠른 생장속도를 빗댄 것이다.

자' 역할을 톡톡히 해내기도 하는 나무다.

옛말의 속뜻은 이런 게 아닐까. 딸을 낳은 후 오동나무를 심으면 딸이 혼인할 즈음엔 그 오동나무가 쓸 만한 재목으로 자라게 된다. 그러면 오동나무를 베어 함과 장롱을 만들어 딸을 시집보낸다는 것. 우리 조상들의 지혜가 자연스럽게 전해 내려오는 옛

말 하나하나에 묻어난다는 사실이 새삼 놀랍다.

대밭에서 쉴 때는 모자를 죽순 위에 걸어놓지 말라

어떤 일이 일시에 많이 생겨날 때 '우후죽순처럼 생겨난다'는 말을 즐겨 쓴다. 이 말은 어떤 근거로 생겨난 것일까.

죽순이 땅을 뚫고 나올 때 가장 반가운 존재는 다름 아닌 '비'다. 죽순은 수개월 동안 땅속에서 자라다가 비가 오면 땅을 뚫고 나오면서 줄기차게 자라난다. 하루에 보통 15cm씩 자라는 것은 기본이며, 많게는 무려 80cm가 자라는 경우도 있다.

'대밭에서 쉴 때는 모자를 죽순 위에 걸어놓지 말라'는 옛말도 이런 맥락에서 해석할 수 있다. 잠시 죽순에 모자를 걸어놓고 쉬고 있는데, 그동안 죽순이 엄청난 속도로 자라 모자를 내리지 못할 정도의 높이까지 커버린다는 것. 과장이 섞여있긴 하지만 나름의 근거를 갖고 있다는 사실이 흥미롭다.

죽순의 종류마다 차이가 있지만, 죽순의 생장기간인 한 달 정도가 지나면 대략 5~6m까지 자란다. 참나무나 소나무라면 약 15년이 걸려야 도달할 수 있는 높이니, 실로 엄청난 생장속도다. 이후 생장이 멈추면 파릇파릇한 초록빛 속살을 뽐내며 꼭대기부터 껍질을 벗고, 여기에서 잎이 펼쳐지면 대나무가 된다.

죽순이 빨리 자랄 수 있는 비결은 무엇일까. 죽순에는 생장점이 온몸에 흩어져있어 길이생장을 하기 때문이다. 보통 식물들의 생장점이 줄기 끝에만 분포하는 것과 비교하면 빨리 자랄 수밖에 없는 구조를 갖춘 셈이다.

식물, 그린의 마술사

옻칠과 황칠

식물에서 얻은 불멸의 도료

○ 황칠을 한 목합. 황칠에는 치자를 섞어 색을 내기도 한다.

식물은 사람들에게 천연 도료를 제공하기도 한다. 동양인이 개발해낸 탁월한 도료로서 옻칠과 황칠이 있다. 옻칠은 아름다운 광택뿐 아니라 수천 년의 세월을 견뎌내는 견고성을 자랑한다. 옻칠과 함께 '금칠'이라고 불리기도 하는 우리 고유의 도장 도료 '황칠'에 대해서도 알아보자.

청동기 시대부터 시작된 옻칠

우리 민족이 옻칠을 사용하기 시작한 것은 청동기 시대부터로 알려지고 있다. 충청남도 아산시 신창면 남성리에 있는 B.C. 3세기경의 청동기 유적지에서 옻칠막의 파편을 찾아낸 일이 있다. 황해도 서홍군 천곡리와 전라남도 함평군 초포리 유적에서도 옻칠 유물이 발견됐다.

특히 유명한 것은 경상남도 창원시 동면 차호리에서 발견된 B.C. 2세기경의 옻칠을 한 공예품들이다. 여기서는 제기류, 문방구류, 무기류 등이 나왔는데, 제기류로는 방형고배를 비롯 원형고배, 통형제기 등이, 문방구류로는 붓대와 부채대가, 무기류로는 청동검 칼집, 칼자루, 활봉 등이 있었다.

한국을 대표하는 옻칠공예 나전칠기

옻칠공예품은 수천 년의 세월을 견딜 정도로 내구성이 뛰어나다. 이는 옻칠과 그릇의 상호작용으로 내구성이 향상된 것으로 봐야 한다. 옻칠은 옻나무에서 채취한 수액의 일종이다. 우리나라와 중국, 일본에서 예로부터 금속이나 목공도장용으로 가장 소중히 여겨 특히 칠기류에 많이 사용했다.

고려시대에는 상감청자에 버금가는 나전칠기가 있다. 나전칠기는 한국을 대표하는 옻칠공예로 전복껍질이나 소라껍질을 이용하여 무늬장식을 한 칠기다. 나전칠기의 전통은 현대에 이르기까지 끊임없이 계승돼오고 있다.

중국은 칠화칠기가 주축을 이루고 있는 데 반해 한국은 나전칠기, 일본은 마키에(금분화)가 있어 동양삼국이 특색을 드러내고 있다.

칠액의 주성분은 우루시올이며 기타 수분과 소량의 고무질 및 함질소물을 함유하고 있는데, 조성은 산지에 따라 다르다. 우루시올은 경도가 높고 아름다운 광택을 가진다. 그래서 페인트나

에나멜에 비해 깊이가 있고 무게있는 예술성을 얻을 수 있다. 나전칠기가 우리나라 고유의 공예품으로 세계시장에 진출할 수 있는 것도 이 때문이다.

공업용 약용으로 활용

채취한 옻은 오래 저장해도 변하지 않으며 산이나 알칼리 또는 70℃ 이상의 열에 대해서도 변하지 않는다. 이러한 특성을 이용해 다른 색소와 섞어서 여러 기구 및 기계의 도료로 쓰이며 목제품의 접착제로 사용되기도 한다. 최근에는 생산량이 적고 값이 비싸 주로 미술공예품 등의 용도에 사용된다. 의약용으로는 통경, 구충, 진해 등에 사용된다.

옻은 완전히 굳으면 황산이나 초산, 염산에서도 녹거나 타지 않는 강하고 견고한 피막을 형성한다. 때문에 고급 공업용으로도 쓰인다. 또한 병기인 함포에 칠하면 가스찌꺼기가 붙지 않으며 군함이나 배 밑에 옻칠을 하면 조개류가 붙지 않아 항해에 지장을 초래하지 않는다고 한다. 또한 영국이나 프랑스에서는 고급섬유에 옻칠을 배합한 것이 있는데, 이 섬유로 만든 의류는 고가의 옷으로 귀하게 여겨진다고 한다. 현대에는 높은 전기저항과 내열성을 가지므로 전기절연도료, 내산도료 등으로도 널리 사용된다.

옻나무의 원산지는 히말라야산맥 서북쪽에 위치한 고원지대로 밝혀지고 있으며 분포지역은 우리나

◐ 나전칠기는 현대에도 한국을 대표하는 전통공예로 그 맥을 유지하고 있다.

라를 비롯하여 중국, 일본, 동남아시아에 걸쳐있다. 현재 한국, 중국, 일본, 미얀마, 베트남에서 생산된다.

옻나무는 낙엽수로 5~6월에 꽃이 피며 10~11월에 열매가 익는다. 옻을 따는 시기는 7월에서 10월 중이라고 알려진다.

옻나무는 우리나라 전역에서 자란다. 그 중에서도 현재 옻을 따고 있는 곳은 강원도 원주시 칠악산 지역과 경상남도 함양군 지역이다. 질이 좋은 옻은 원주 칠악산과 북한에서는 평안북도 태천군, 함경남도 신흥군에서 채취되는 것이 유명하다.

옻나무는 4년째에서 10년째까지 수액인 옻을 채취한다. 옻나무 줄기 외피에 상처를 수평으로 내어 흘러나오는 수액을 받는 방법을 쓴다. 이것을 채취한 것을 생옻이라 하고, 이를 건조시켜 굳힌 것을 마른 옻이라고 한다.

옻을 채취하는 데는 상처를 적게 줘 나무가 죽지 않게 하면서 매년 조금씩 채취하는 방법과 상처를 많이 내어 최대한으로 옻을 채취하고 나무가 죽으면 베어버리는 방법이 있다. 7월에서 10월 사이에 옻나무에 상처를 내고 그 아래에 용기를 연결시켜 수액을 받는다. 보통 10년생 나무에서 2백50g 정도의 옻을 생산할 수 있다.

옻칠에도 여러 종류가

옻칠은 생칠인 성칠과 화칠로 구분된다. 성칠은 주로 공예용과 공업용으로 쓰이며 화칠은 약용으로 쓰인다. 생옻을 따 놓으면 발효하게 되는데 발효된 칠을 쓸 때마다 옻칠 속에 함유된 불순물과 수분을 제거하는 과정을 거치게 된다.

옻나무의 표피에 상처를 내면 상처로부터 유회백색의 유액상

① 옻나무 한그루에서 약 2백50g의 옻을 생산할 수 있다. ② 옻나무에 상처를 내고 있다. 여기서 받아낸 옻은 생칠이라 한다. ③ 옻통을 대고 가지를 불에 그슬려 흘러나오는 옻을 받아낸다. ④ 채취된 숙칠재료.

수지를 분비한다. 이것을 생칠이 한다. 생칠을 그대로 도료로 칠하면 광택이 나쁘고 산화효소 라카아제의 작용으로 건조가 너무 빠르다. 그러므로 용도에 맞춰 가공할 필요가 있다.

수분을 제거하는 과정에서 생산되는 옻을 정제칠이라고 하며, 정제칠은 생칠과 투명칠로 구분된다. 생칠은 용기내에서 상온으로 교반한 후 38~45℃에서 수시간 보존하면 산화와 탈수 등의 반응에 의해 빛깔이 검게 변하는데, 이 공정을 소흑목이라고 한다. 이 밖에 기름을 가하거나 안료를 첨가해 정칠이라고 하는 최종 제품을 얻게 된다.

정제과정에 의해 생산된 칠은 생칠, 투명칠, 흑칠이 주류를 이루고 있다. 투명칠은 광택칠과 무광택칠로 구분하게 된다. 투명칠에 안료인 무기성 석채를 배합한 화칠(畵漆)이 있다.

금빛 찬란한 황칠

옻칠공예는 우리 민족이 많이 쓴 것이기는 하나 고유의 것이랄 수는 없다. 반면 세계 어디서도 찾아볼 수 없는 우리 고유의 칠이 최근 복원되고 있다. 황칠공예가 그것이다. 황칠은 금칠이라고도 한다. 황칠공예는 근세기에 접어들면서 자취를 감췄지만 옻칠과 쌍벽을 이루는 한국 고유의 칠이다. 황칠에 관한 자료는 현재 박물관은 물론 어느 곳에도 없다. 문헌자료에 근거를 두고 복원, 재현한 것이다.

황칠에 관한 문헌자료로는 삼국사기와 책부원구(册府元龜)를 비롯, 당서동이전해동역사선화봉사고려도경에서 찾아볼 수 있다. 당서 동이전에 의하면 '백제에는 삼도(三島)가 있는데, 여기에서는 황칠이 난다. 6월에 나무에 흠집을 내어 진을 얻으며 빛깔은 금빛과 같다' 고 기록돼있으며 해동역사에 의하면 '백제 서남쪽 바다 속에 섬 세 곳이 있는데 거기에는 황칠나무가 자라고 있다. 이는 작은 종려나무와 비슷한 것으로 6월에 즙을 채취하여 그릇이나 물건에 칠하면 황금과 같이 그 빛깔을 본 사람의 눈을 황홀하게 한다.' 고 했다.

한편 계림지(鷄林志)에 따르면 '고려의 황칠은 섬에서 나는데 6월에 채취하며 색깔은 금빛과 유사한 것으로 햇빛 아래서 말린다. 원래는 백제에서 나는데 지금의 절강성 사람들은 신라칠이라고 부르고 있다고 한다' 는 기록이 있는 것으로 보아 신라에서도 황칠공예품이 제작됐음을 암시해주고 있다.

황칠나무는 일반 옻나무인 낙엽교목과는 구별되는 두릅나무과에 속하는 상록교목이다. 이 나무의 특징은 잎이 세 갈래인 삼지창 모양과 다섯 갈래 모양, 널따란 타원형 모양의 세 가지가 있다는 점이다. 한 나무에 세 종류의 잎이 달려있어 희귀한 나무로 여겨진다.

황칠나무에서 채취되는 황칠은 모든 재료의 백골(칠을 하기 전의 목기)에 칠할 수 있지만 바탕색이 없는 것이 좋다. 가장 좋은 백골재료는 은, 섬유로는 삼베와 모시 등이 있다.

은에 황칠을 하면 순금보다 더 찬란한 황금색과 적금색을 발하게 된다. 황칠은 적외선에 강하며 매우 유연하여 고체와 연체류에도 칠할 수 있는 만능도료라 하겠다. 옻칠은 자외선에 약해 음지에서 보관할 것이 요구되지만 황칠은 환경에 구애받지 않는 편리한 도료다.

앞서 밝힌 바와 같이 중국과 일본에서는 황칠이 생산되지 않았다. 오직 우리나라에서만 생산되는 식물성 옻칠인 것이다. 이 황칠나무가 자생할 수 있는 곳은 한국에서도 전라남도 강진과 해남 이남 3도인 완도, 보길도, 진도 그리고 제주도. 황칠나무는 거의 멸종단계에 이르고 있으므로 정부에서 육림에 적극 나서야 할 것이다.

◆ 우리고유의 칠인 '황칠'을 한 은합. 황칠은 은에 칠하면 황금과 같은 광채를 발한다.

버들피리 만들기

Science Adventure

탐구마당
사이언스 어드벤처

숲 속을 흐르는 개울가에서 자라는 갯버들은 피리를 만들 수 있는 좋은 재료다. 우선 갯버들의 가지를 피리를 만들 수 있는 적당한 길이로 자른다. 잘려진 가지 끝에 가지와 평행이 되게 2cm 정도 칼로 절개해 껍질을 뒤집은 후 목질 부분을 잡고 껍질이 붙은 아래 부분을 한번 비틀어준다. 그러면 목질 부분과 겉껍질 부분이 서로 떨어진다. 목질 부분을 꼭 쥐고 껍질을 당기면 목질부분은 쉽게 빠져 나오고 속이 빈 껍질만 남는다. 양쪽 끝을 말끔히 다듬은 다음 칼이나 휴대용 가위로 구멍을 낸다. 한쪽 끝을 최대한 얇게 벗긴다. 떨림판이 되는 부분이기에 정성을 들여 벗겨낼 필요가 있다. 다 만들어지면 얇게 벗긴 부분이 입안 깊숙이 들어가도록 입에 넣고 버들피리를 분다. 굵기와 길이가 다른 버들피리를 여러 개 만들어 제각각 다른 소리를 낼 수 있다.

풀피리 불기

숲을 찾게 되면 다양한 풀피리 소리를 낼 수 있다. 지천으로 깔려 있는 초본식물들의 잎은 모두 훌륭한 풀피리 재료다. 조릿대나 억새, 갈대 같이 길고 얇은 잎을 잘라서 두 손의 엄지손가락 사이에 끼운다(풀잎에 베일 수 있으니 조심한다). 두 손을 모은 엄지손가락에 입을 대고서 힘껏 불면 독특한 소리가 난다. 엄지손가락 사이에 긴 풀잎이 떨판이 돼 새소리처럼 들리기도 한다.

새 불러 모으기

여름에 숲을 찾게 되면 가운데 구멍이 뚫린 토큰을 두개 준비한다. 엄지와 검지로 0.5cm~1cm 간격을 두고 두 개의 토큰을 잡은 후 입에 넣고 세게 불면 새들이 지저귀는 소리를 낼 수 있다. 세게 부는 정도에 따라 토큰 사이의 간격에 따라 제각각 독특한 소리를 낼 수 있다. 소리를 내면서 주위를 살피면 새들이 나타나 경계하는 모습을 볼 수 있다.

왜 그럴까?

새들은 지저귀는 소리로 자기의 영역을 나타낸다. 사람이 새소리와 유사한 소리를 내면 새들은 자기 영역을 침범한 다른 새들의 소리로 여기고 소리가 나는 곳으로 날아와 경계하게 된다.

❶ 갯버들의 마디를 자른다.
❷ 마디끝 껍질을 약간 벗겨낸다.
❸ 목질부와 껍질을 따로 잡고 비틀어 벗겨낸다.
❹ 껍질에 구멍을 내고 끝을 부드럽게 다듬는다.
❺ 떨림판을 입에 넣고 힘차게 분다.

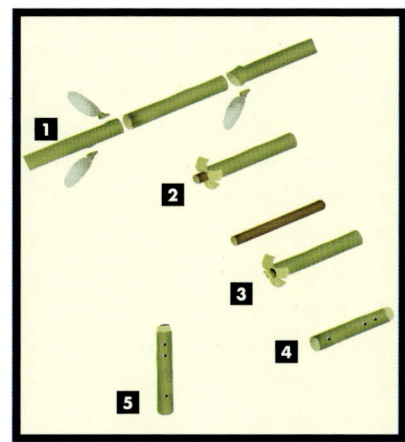

[선생님도 놀란 초등과학 뒤집기] ❼ 이렇게 정리해 봅시다

식물

지금까지 '식물'이라는 주제를 인간, 자연, 기술, 역사, 문화 영역으로 나누어 생각해보았습니다. 책을 통해 읽은 내용을 충분히 이해하는 것도 중요하지만, 체계적으로 정리하는 것도 필요합니다.
지식의 창고가 아무리 크다고 해도 제대로 정리돼 있어야 어떤 문제를 대하더라도 문제 해결의 실마리를 찾을 수 있습니다.
그러면 '식물'을 읽고 이렇게 정리해볼까요.

❶장 식물의 세계
식물은 어떻게 번식하며 자신을 방어할까요? 그리고 식물은 주변 환경의 변화에 어떻게 대처할까요?

❷장 사람과 식물
우리가 과일을 먹는 이유는 무엇일까? 식물은 사람의 생활 속에서 어떻게 이용될까? 은행과 마늘은 사람에게 어떤 효과가 있을까? 담배는 어떤 식물이며 사람의 건강에 어떤 영향을 줄까?

❸장 식물을 만드는 기술
녹색혁명에 이어서 생명공학 기술이 인류의 식량문제를 해결해줄 수 있을까? 식물 게놈프로젝트가 필요한 이유는 무엇일까? 유전자 조작식품은 안전할까?

❹장 식물의 역사
과학자들은 식물을 어떻게 연구할까? 광합성 과정은 어떻게 밝혀지게 됐으며 그들의 업적은 무엇일까? 그리고 식물은 어떻게 진화해왔을까?

❺장 생활 속의 식물
전통한지가 삭지 않고 오래 가는 이유는 무엇일까? 숲이 사람의 삶에 중요한 이유는 무엇일까? 우리의 전통도료인 옻칠과 황칠은 어떤 것일까?

더 나아가 생각해 볼 내용
송편을 찔 때 솔잎을 넣고 찌는데, 여기에 어떤 과학적인 근거가 있는지 생각해 보세요.

[선생님도 놀란 과학지식 ❼] 식물, 그린의 마술사

도 움 주 신 분 들

권오길(강원대 생물학과 교수)
나혜복(서울여대 영양학과 교수)
박재홍(경북대 생물학과 교수)
배우철(일양약품 연구소연구원)
이상일(삼성서울병원소아과)
전용훈(서울대 과학사 및 과학철학과정)
진창덕(강원대 생명과학부 교수)
차윤정(서안환경설계연구소)

Special Thanks